Coletânea de Questões de Provas

de Vestibular

Separadas por Assunto

André Carril

Sumário

Prefácio

É com imenso prazer que aceitei o desafio de escrever o prefácio de um livro tão fascinante sobre um assunto que me agrada bastante. Em meio ao turbilhão de guias existentes para os exames do pré-vestibular e Enem, este livro se ergue como um farol, iluminando o caminho dos estudantes que buscam desbravar os desafios da física. Aqui, o autor não se limitou a oferecer respostas, mas sim a cultivar a essência do questionamento e a paixão pela compreensão profunda.

Em suas palavras sábias, Carl Sagan proferiu: "Somos feitos de matéria estelar. Somos uma forma de vida que evoluiu para se maravilhar com a celebração do cosmos."Este livro é uma celebração desse cosmos, uma exploração das leis fundamentais que regem desde as partículas subatômicas até os confins do espaço-tempo. Convidamos os leitores a se maravilharem com a complexidade da física e a se unirem à jornada de descoberta que se desenrola a cada página.

Ao longo dessas páginas, os leitores encontrarão uma variedade de questões criteriosamente selecionadas, que abrangem desde os fundamentos clássicos da mecânica até os fenômenos mais complexos da física moderna. Inspirados por mentes brilhantes como Galileu Galilei, Isaac Newton e Marie Curie, estas atividades buscam não apenas preparar os estudantes para enfrentar os desafios dos exames, mas também instigar a curiosidade intrínseca que motiva a busca por respostas. Afinal, como disse Galileu Galilei: "Você não pode ensinar nada a um homem; você só pode ajudá-lo a encontrar por si mesmo."

Os exercícios propostos vão além da memorização de fórmulas, incentivando a aplicação prática dos conceitos em situações do cotidiano e promovendo a formação de uma mentalidade crítica. A física é uma disciplina que transcende os limites da sala de aula e permeia nossa compreensão do mundo ao nosso redor.

Em última análise, este livro é uma ferramenta valiosa na caixa de recursos dos estudantes, mas também é um convite para explorar as fronteiras do conhecimento. A física, com suas leis imutáveis e universais, nos desafia a transcender as barreiras do familiar e a contemplar o desconhecido com olhos curiosos.

Que este livro não seja apenas um guia acadêmico, mas sim uma trilha sonora para a sinfonia da descoberta, um convite para dançar com as partículas elementares e um lembrete de que, ao desvendar os mistérios da física, nos tornamos parte ativa do maravilhoso espetáculo do universo.

Desfrutem da jornada!

Patrick Neto de Bastiani Viana
28 de janeiro de 2024.

Agradecimentos

Gostaria de agradecer à minha esposa, Janaina Carril, e à minha filha, Ana Júlia, meus grandes amores, que me apoiaram, sempre com palavras de entusiasmo. À minha filha um agradecimento especial pela produção das capas dos meus livros.

Dedicatória

Dedico este livro primeiramente a Deus. Também dedico este livro a todas as pessoas que são importantes para mim.

Introdução

Terminei enfim, o meu livro de questões de vestibular separadas por assunto.

Tive o cuidado de separar as questões por assunto para facilitar o estudo de você vestibulando.

Eu sugiro que faça as questões dos assuntos que já viu ou está vendo no seu preparatório.

Fica aqui um pedido para, mesmo depois de algumas revisões, caso encontre algo de errado, por favor entre em contato comigo pelo e-mail profandrecarril@gmail.com.

Espero que este material seja útil na sua preparação!

Um abraço.

Provas

1 - (UERJ - 2EQ - 2025)

2 - (UERJ - 1EQ - 2025)

3 - (UERJ - 2EQ - 2024)

4 - (UERJ - 1EQ - 2024)

5 - (UERJ - 2023)

6 - (UERJ - 2022)

7 - (UERJ - 2021)

8 - (UERJ - 2EQ - 2020)

9 - (UERJ - 1EQ - 2020)

10 - (UERJ - 2EQ - 2019)

11 - (UERJ - 1EQ - 2019)

12 - (Enem - 2024)

13 - (Enem - 2023)

14 - (Enem - 2022)

15 - (Enem - 2021)

16 - (Enem - 2020)

17 - (Enem - 2019)

18 - (Fuvest - 2025)

19 - (Fuvest - 2024)

20 - (Fuvest - 2023)

21 - (Fuvest - 2022)

22 - (Fuvest - 2021)

23 - (Fuvest - 2020)

24 - (PUC - RJ - 2025)

25 - (PUC - RJ - 2024)

Capítulo 1

Física 1

1.1 Noções Iniciais

1. (UERJ - 1EQ - 2025) ...

   E aconteceu que nada, nem mesmo os sons de disparos ou o rugido de leões, fez mais bichos fugirem, e com maior rapidez, do que ouvir a voz humana. Diante das gravações de conversas entre pessoas, os visitantes dos water holes tinham probabilidade 200% maior de fugir e se escafediam com velocidade 40% maior do que diante de sons de leões. Praticamente não há exceção para esse padrão, mesmo no caso de gigantes como os elefantes africanos.

   ... Texto Base

   Considere uma girafa que, ao ouvir o rugido de um leão, fuja correndo à velocidade média de 54 km/h.

   Ao ouvir a voz humana, essa girafa percorre 105 m no seguinte intervalo de tempo, em segundos:

   (A) 7

   (B) 6

   (C) 5

   (D) 4

2. (UERJ - 1EQ - 2024) Em um experimento, dois relógios idênticos e sincronizados apresentam uma diferença perceptível na medida do tempo. Um dos relógios se encontra em repouso, enquanto o outro está em movimento a uma velocidade escalar V constante, próxima à velocidade escalar c da luz. Segundo a teoria da relatividade de Albert Einstein, entre o intervalo de tempo Δt_1, medido pelo relógio em repouso, e o intervalo de tempo Δt_2, medido pelo relógio em movimento, observa-se a seguinte relação:

$$\Delta t_1 = \frac{\Delta t_2}{\sqrt{1 - \frac{V^2}{C^2}}}$$

Considere que o deslocamento do relógio ocorre à velocidade $V = \frac{12c}{13}$ durante $\Delta t_2 = 10$ segundos.
Logo, o tempo Δt_1, em segundos, decorrido no relógio em repouso, é igual a:

(A) 28

(B) 26

(C) 24

(D) 22

3. (UERJ - 1EQ - 2024) Em determinadas condições, nanopartículas podem ser impulsionadas como um foguete pela simples interação com o meio. Admita que, em um dado instante, uma dessas partículas, com massa de $9,0 \times 10^{-26}$ kg, adquire velocidade de $2,0 \times 10^2$ m/s. Com base nessas informações, a ordem de grandeza da quantidade de movimento dessa partícula é igual a:

(A) 10^{-20}

(B) 10^{-21}

(C) 10^{-22}

(D) 10^{-23}

4. (UERJ - Exame Único - 2022) Ao mergulhar no mar, um banhista sente-se mal e necessita ser socorrido. Observe na imagem quatro trajetórias possíveis - I, II, III e IV - que o salva-vidas, localizado no ponto A, pode fazer para alcançar o banhista, no ponto B.

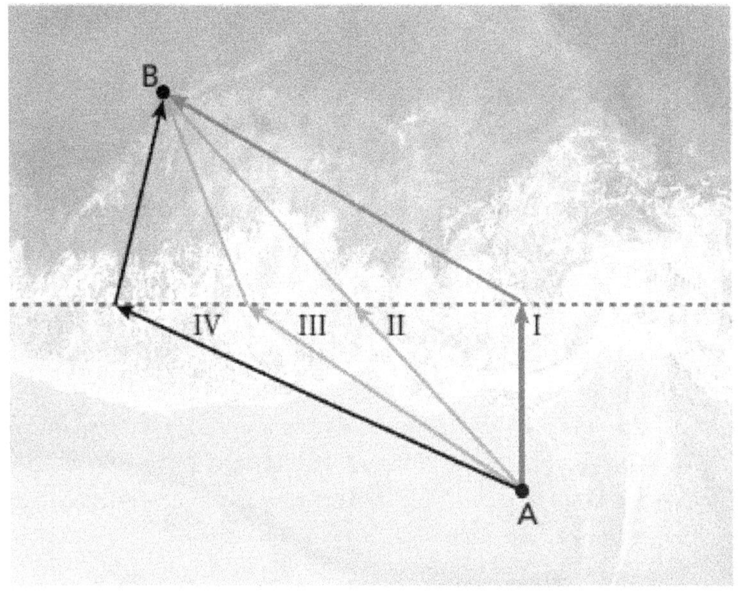

Figura 1.1: Referente à questão 4

Desprezando a força da correnteza, a fim de que o socorro seja feito o mais rapidamente possível, o salva-vidas deve optar pela seguinte trajetória:

(A) I

(B) II

(C) III

(D) IV

5. (UERJ - 2EQ - 2020) O universo observável, que se expande em velocidade constante, tem extensão média de 93 bilhões de anos-luz e idade de 13,8 bilhões de anos. Quando o universo tiver a idade de 20 bilhões de anos, sua extensão, em bilhões de anos-luz, será igual a:

   (A) 105

   (B) 115

   (C) 135

   (D) 165

6. (UERJ - 2EQ - 2019) Considera-se a morte de uma estrela o momento em que ela deixa de emitir luz, o que não é percebido de imediato na Terra. A distância das estrelas em relação ao planeta Terra é medida em anos-luz, que corresponde ao deslocamento que a luz percorre no vácuo durante o período de um ano.
   Admita que a luz de uma estrela que se encontra a 7500 anos-luz da Terra se apague. O tempo para que a morte dessa estrela seja visível na Terra equivale à seguinte ordem de grandeza, em meses:

   (A) 10^3

   (B) 10^4

   (C) 10^5

   (D) 10^6

7. (UERJ - 2EQ - 2019) Observe no gráfico a curva representativa do movimento de um veículo ao longo do tempo, traçada a partir das posições registradas durante seu deslocamento.

   O valor estimado da velocidade média do veículo, em m/s, corresponde a:

   (A) 1

   (B) 2

   (C) 3

   (D) 4

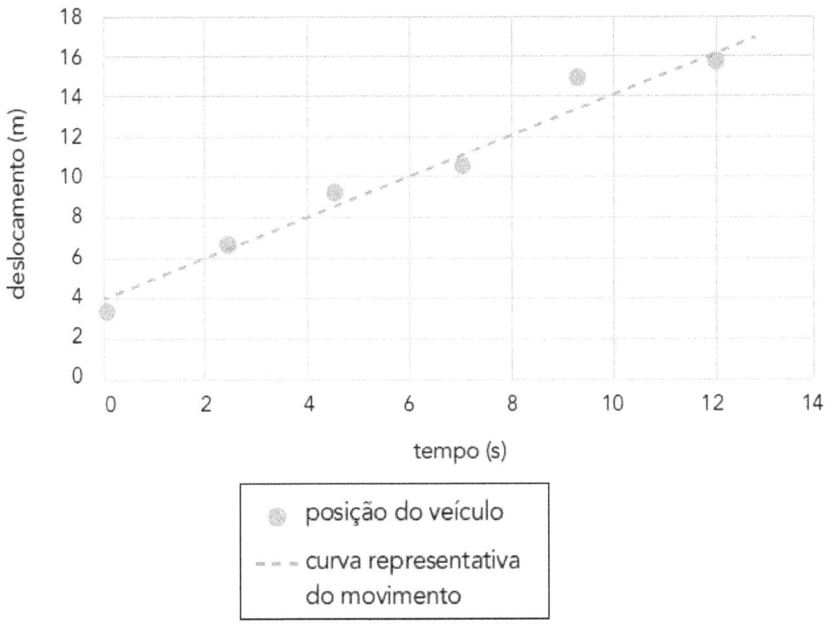

Figura 1.2: Referente à questão 7

8. (UERJ - 1EQ - 2019) Estima-se que um mosquito seja capaz de voar 3,0 km por dia, como informa o texto. Nessas condições, a velocidade média do mosquito corresponde, em km/h, a:

(A) 0,125

(B) 0,250

(C) 0,600

(D) 0,800

9. (Fuvest - 2020) Em 20 de maio de 2019, as unidades de base do Sistema Internacional de Unidades (SI) passaram a ser definidas a partir de valores exatos de algumas constantes físicas. Entre elas, está a constante de Planck h, que relaciona a energia E de um fóton (quantum de radiação eletromagnética) com a sua frequência f na forma $E = hf$.

   A unidade da constante de Planck em termos das unidades de base do SI (quilograma, metro e segundo) é:

   (A) $kg.m^2/s$

   (B) $kg.s/m^2$

   (C) $m^2.s/kg$

   (D) $kg.s/m$

   (E) $kg.m^2/s^3$

10. (Fuvest - 2020) Um estímulo nervoso em um dos dedos do pé de um indivíduo demora cerca de 30 ms para chegar ao cérebro. Nos membros inferiores, o pulso elétrico, que conduz a informação do estímulo, é transmitido pelo nervo ciático, chegando à base do tronco em 20 ms. Da base do tronco ao cérebro, o pulso é conduzido na medula espinhal. Considerando que a altura média do brasileiro é de 1,70 m e supondo uma razão média de 0,6 entre o comprimento dos membros inferiores e a altura de uma pessoa, pode-se concluir que as velocidades médias de propagação do pulso nervoso desde os dedos do pé até o cérebro e da base do tronco até o cérebro são, respectivamente:

    (A) 51 m/s e 51 m/s

    (B) 51 m/s e 57 m/s

    (C) 57 m/s e 57 m/s

    (D) 57 m/s e 68 m/s

    (E) 68 m/s e 68 m/s

11. (PUC - RJ - 2025) Em um poço de 5 mil litros cavado no solo são vertidas pequenas pedras de granito, com uma massa média de 13 g. Nesse contexto, qual é a ordem de grandeza do número de pedras que entra no poço?

Dado: densidade do granito $= 2,7 \times 10^3\ kg/m^3$

(A) 10^3

(B) 10^4

(C) 10^6

(D) 10^8

(E) 10^9

12. (PUC - RJ - 2025 - adaptada) Em uma meia maratona (21 km de extensão), uma corredora fez o percurso tal que, durante o primeiro terço da distância, correu a 50% de sua velocidade máxima; no segundo terço, foi a 100% e, no último terço, baixou a 80%.

    Considerando-se que a velocidade média dessa corredora durante todo o percurso foi de 12 km/h, qual foi a velocidade máxima, em Km/h, que a corredora alcançou?

    (A) 12

    (B) 14

    (C) 15

    (D) 17

    (E) 24

13. (PUC - RJ - 2025) Um número adimensional importante na hidrodinâmica é o número de Froude (F_r). Ele pode ser escrito como $F_r = V/(g^a \cdot L^b)$, onde V é uma velocidade, g é a aceleração da gravidade e L é um comprimento.

    As constantes a e b são, respectivamente,

    (A) 0 e 1

    (B) 0 e 1/2

    (C) 1/2 e 1/2

    (D) 1/2 e 1

    (E) 1 e 1

14. (PUC - RJ - 2024) A distância média Terra-Sol é cerca de 150 milhões de quilômetros.

    Considerando-se a órbita terrestre como circular, qual é a ordem de grandeza da velocidade da Terra ao redor do Sol, em km/h?

    (A) 10^3

    (B) 10^4

    (C) 10^5

    (D) 10^6

    (E) 10^7

Gabarito	
1	C
2	B
3	D
4	C
5	C
6	C
7	A
8	A
9	A
10	D
11	C
12	D
13	C
14	C

.

1.2 MRU

15. (UERJ - 2EQ - 2025) Durante um treino, quatro posições ocupadas pelos corredores A e B, deslocando-se em movimento uniforme, foram verificadas em intervalos sucessivos de 10 segundos, obtendo-se os seguintes resultados:

POSIÇÃO	CORREDOR A	CORREDOR B
1	0 m	0 m
2	30 m	40 m
3	60 m	80 m
4	90 m	120 m

Figura 1.3: Referente à questão 15

Após 60 segundos do início do treino, a distância, em metros, entre os corredores é igual a:

(A) 30

(B) 60

(C) 90

(D) 120

16. (UERJ - Exame Único - 2023) Ao longo de uma estrada retilínea, um automóvel trafega durante certo intervalo de tempo, variando sua velocidade V linearmente em função do tempo t, como representado no gráfico.

No intervalo de tempo compreendido entre t = 0 e t = 15 s, a velocidade média do automóvel, em m/s, é igual a:

(A) 7

(B) 11

(C) 14

(D) 18

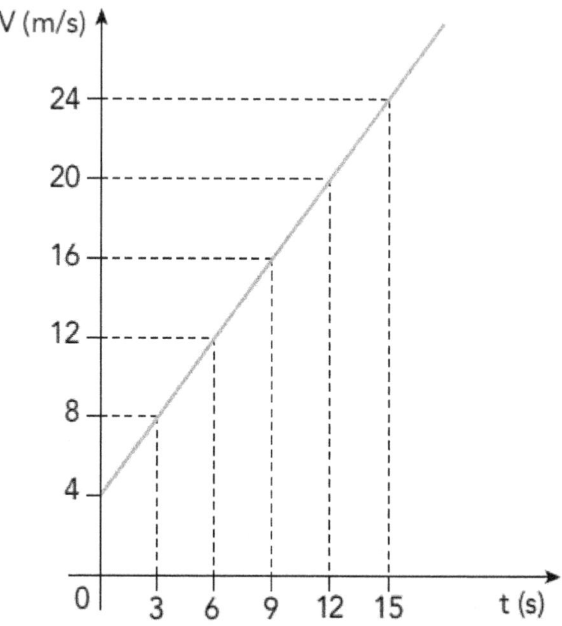

Figura 1.4: Referente à questão 16

17. (UERJ - Exame Único - 2021) Na figura a seguir, está representado um decantador utilizado em um processo de remoção de impurezas da água, como partículas de terra e de areia fina. Observa-se que, da altura onde se inicia a decantação até o fundo do decantador, há uma distância de 36 cm.

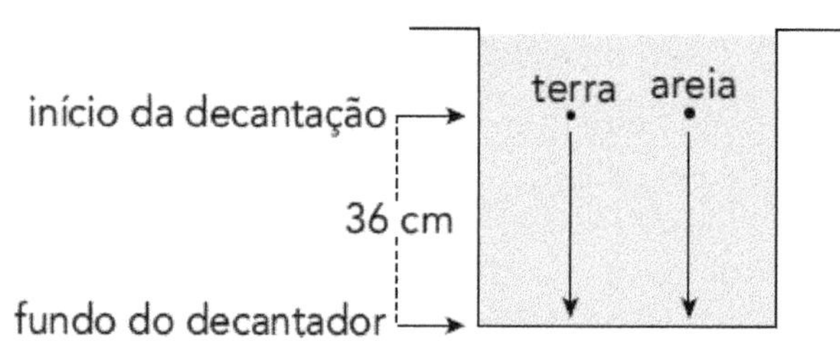

Figura 1.5: Referente à questão 17

Considerem-se os seguintes dados:

PARTÍCULA	VELOCIDADE DE DECANTAÇÃO (m/s)	TEMPO DE DESCIDA ATÉ O FUNDO DO DECANTADOR (s)
Terra	0,01	t_T
Areia	0,24	t_A

Figura 1.6: Referente à questão 17

Nessas condições, a diferença $t_T - t_A$, em segundos, corresponde a:

(A) 21,5

(B) 26,5

(C) 30,5

(D) 34,5

18. (Enem - 2023) Uma concessionária é responsável por um trecho de 480 quilômetros de uma rodovia. Nesse trecho, foram construídas 10 praças de pedágio, onde funcionários recebem os pagamentos nas cabines de cobrança. Também existe o serviço automático, em que os veículos providos de um dispositivo passam por uma cancela, que se abre automaticamente, evitando filas e diminuindo o tempo de viagem. Segundo a concessionária, o tempo médio para efetuar a passagem em uma cabine é de 3 minutos, e as velocidades máximas permitidas na rodovia são 100 km/h, para veículos leves, e 80 km/h, para veículos de grande porte. Considere um carro e um caminhão viajando, ambos com velocidades constantes e iguais às máximas permitidas, e que somente o caminhão tenha o serviço automático de cobrança. Comparado ao caminhão, quantos minutos a menos o carro leva para percorrer toda a rodovia?

(A) 30

(B) 42

(C) 72

(D) 288

(E) 360

19. (Enem - 2019) A agricultura de precisão reúne técnicas agrícolas que consideram particularidades locais do solo ou lavoura a fim de otimizar o uso de recursos. Uma das formas de adquirir informações sobre essas particularidades é a fotografia aérea de baixa altitude realizada por um veículo aéreo não tripulado (vant). Na fase de aquisição é importante determinar o nível de sobreposição entre as fotografias. A figura ilustra como uma sequência de imagens é coletada por um vant e como são formadas as sobreposições frontais.

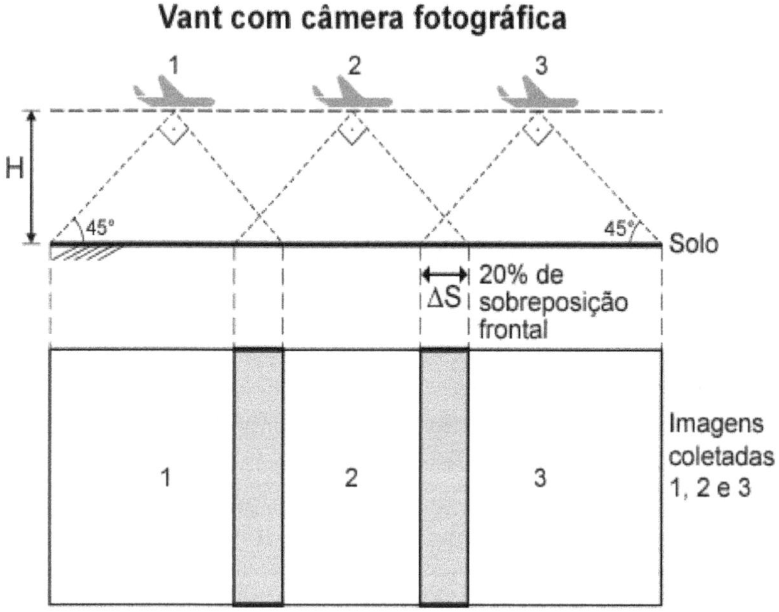

Figura 1.7: Referente à questão 19

O operador do vant recebe uma encomenda na qual as imagens devem ter uma sobreposição frontal de 20% em um terreno plano. Para realizar a aquisição das imagens, seleciona uma altitude H fixa de voo de 1 000 m, a uma velocidade constante de 50 $m\ s^{-1}$. A abertura da câmera fotográfica do vant é de 90°. Considere tg(45°) = 1.

Natural Resources Canada. Concepts of Aerial Photography.

Disponível em: www.nrcan.gc.ca. Acesso em: 26 abr. 2019 (adaptado).

Com que intervalo de tempo o operador deve adquirir duas imagens consecutivas?

(A) 40 segundos.

(B) 32 segundos.

(C) 28 segundos.

(D) 16 segundos.

(E) 8 segundos.

20. (Fuvest - 2022) Em virtude do movimento das placas tectônicas, a distância entre a América do Sul e a África aumenta, nos dias atuais, cerca de 2,0 cm a cada ano. Supondo que essa velocidade tivesse sido constante ao longo do tempo, e tomando uma distância atual de cerca de 5.000 km entre os limites dessas duas massas continentais, indique a melhor estimativa para quanto tempo teria transcorrido desde quando ambas estavam unidas em um único supercontinente.

    Note e adote:

    O valor obtido, embora da ordem de magnitude correta, não é o mesmo calculado por estimativas mais precisas.

    (A) 250.000 anos

    (B) 2.500.000 anos

    (C) 25.000.000 anos

    (D) 250.000.000 anos

    (E) 2.500.000.000 anos

Gabarito	
15	C
16	C
17	D
18	B
19	B
20	D

1.3 MRUV

21. (Enem - 2020) Você foi contratado para sincronizar os quatro semáforos de uma avenida, indicados pelas letras O, A, B e C, conforme a figura.

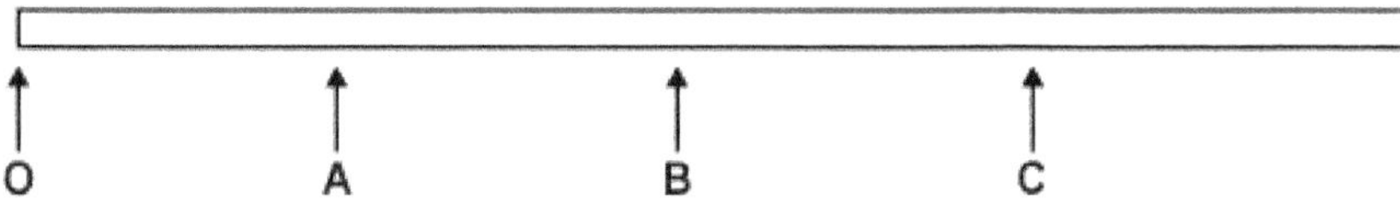

Figura 1.8: Referente à questão 21

Os semáforos estão separados por uma distância de 500 m. Segundo os dados estatísticos da companhia controladora de trânsito, um veículo, que está inicialmente parado no semáforo O, tipicamente parte com aceleração constante de 1 $m\ s^{-2}$ até atingir a velocidade de 72 $km\ h^{-1}$ e, a partir daí, prossegue com velocidade constante. Você deve ajustar os semáforos A, B e C de modo que eles mudem para a cor verde quando o veículo estiver a 100 m de cruzá-los, para que ele não tenha que reduzir a velocidade em nenhum momento.

Considerando essas condições, aproximadamente quanto tempo depois da abertura do semáforo O os semáforos A, B e C devem abrir, respectivamente?

(A) 20 s, 45 s e 70 s.

(B) 25 s, 50 s e 75 s.

(C) 28 s, 42 s e 53 s.

(D) 30 s, 55 s e 80 s.

(E) 35 s, 60 s e 85 s.

22. (Fuvest - 2025)

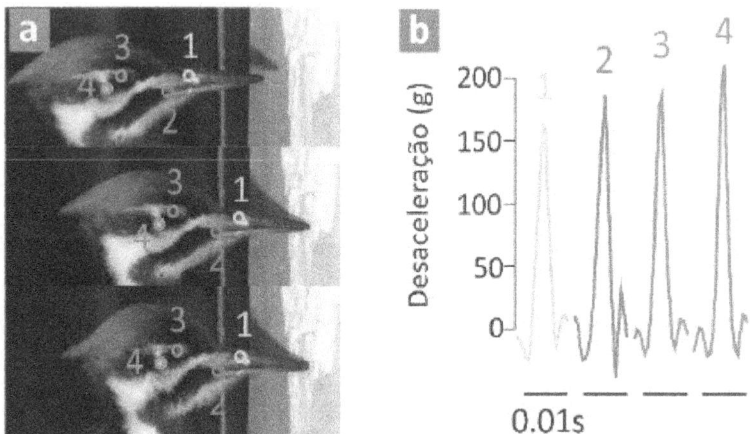

WASSENBERGH, Sam Van; MIELKE, Maia. Physics Today, vol. 77 (2024) (Adaptado).

Figura 1.9: Referente à questão 22

Em um estudo relatado no periódico Physics Today, cientistas belgas mostraram que os pica-paus não dispõem de mecanismos de absorção de choques em seus ossos do crânio, ao contrário do que se acreditava anteriormente. Nos experimentos realizados, verificou-se que o cérebro de um pica-pau pode experimentar desacelerações instantâneas de até 400 g, sendo g o módulo da aceleração da gravidade. Suponha que, durante uma batida em um tronco de árvore, o crânio do pica-pau, suposto perfeitamente rígido, sofra uma desaceleração constante de 200 g ao longo de um tempo de 2,0 milissegundos. Qual é a distância percorrida pelo crânio do pica-pau durante esse tempo, até atingir momentaneamente o repouso?

(A) 2,0 mm

(B) 4,0 mm

(C) 8,0 mm

(D) 16 mm

(E) 32 mm

Note e adote:
Aceleração da gravidade: g = 10 m/s^2.

23. (Fuvest - 2024) Um carro movimentava-se por uma rua de mão única, com sentido da esquerda para a direita, e deixou no asfalto o padrão de pingos de óleo indicado na figura I.

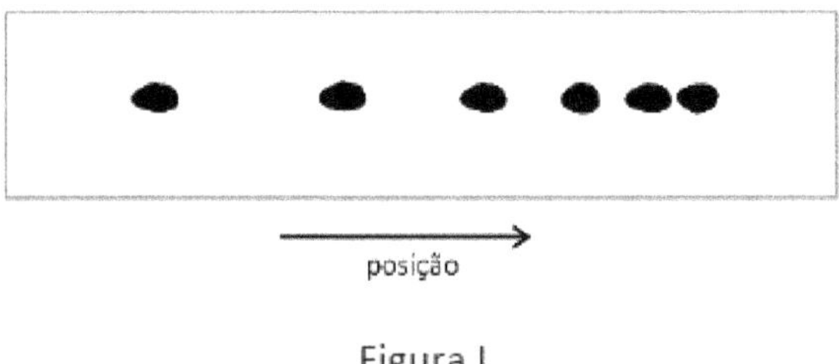

Figura 1.10: Referente à questão 23

Entre as curvas no gráfico da figura II, indique aquela que melhor corresponde à dependência da posição do carro com o tempo, segundo esses pingos. Adote como positivo o sentido para a direita, conforme a indicação da seta em I.

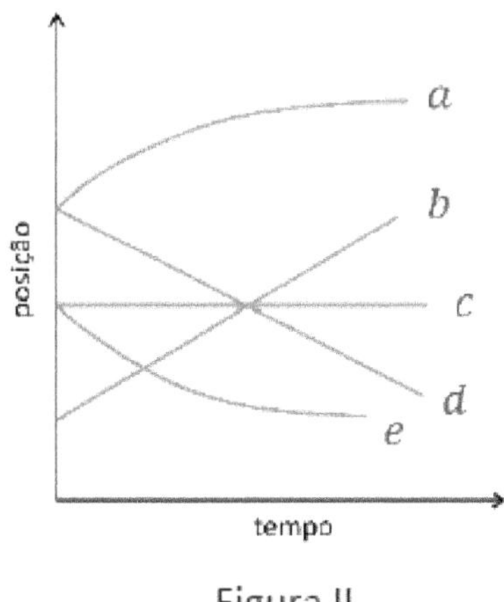

Figura 1.11: Referente à questão 23

Note e adote: Assuma que o intervalo de tempo entre os pingos seja o mesmo.

(A) Curva a.

(B) Curva b.

(C) Curva c.

(D) Curva d.

(E) Curva e.

24. (PUC - RJ - 2025) Em uma estrada retilínea, a velocidade de um carro em função do tempo é dada pelo gráfico a seguir.

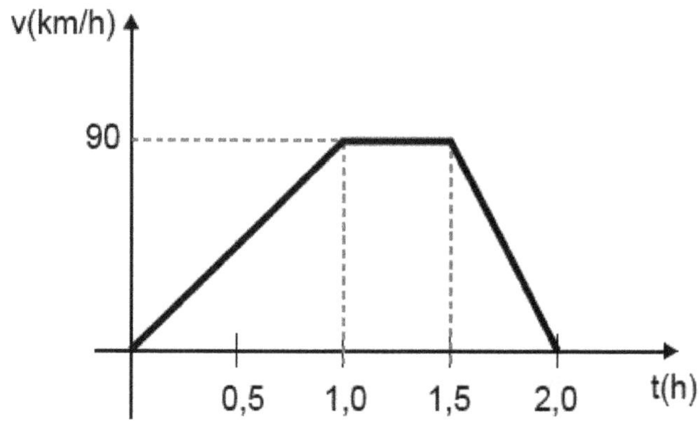

Figura 1.12: Referente à questão 24

Nesse contexto, analise as afirmações a seguir.

I - A velocidade média do carro nos primeiros 90 minutos é 60 km/h.

II - Após 2 horas de viagem, o carro retornou ao seu ponto de partida.

III - A aceleração média do carro durante a primeira hora de viagem é 90 km/h^2.

IV - Entre t = 1,5 h e t = 2,0 h, a aceleração do carro é decrescente.

É correto o que se afirma APENAS em

(A) I e II

(B) I e III

(C) II e III

(D) II e IV

(E) III e IV

25. (PUC - RJ - 2024) Um carro começa um movimento em uma estrada retilínea de extensão total de 24 km. O movimento se distingue em três intervalos iguais de tempo. No primeiro terço, sua velocidade cresce de maneira uniforme; no segundo terço, a velocidade é mantida constante; no último terço, a velocidade decresce uniformemente até o carro parar ao fim do percurso.

    Sabendo-se que o tempo total da viagem é de 20 min, qual é a máxima velocidade atingida pelo carro, em km/h?

    (A) 54

    (B) 72

    (C) 90

    (D) 108

    (E) 120

Gabarito	
21	D
22	B
23	A
24	B
25	D

1.4 Vetores

26. (Enem - 2024) Para os circuitos de maratonas aquáticas realizadas em mares calmos e próximos à praia, é montado um sistema de boias que determinam o trajeto a ser seguido pelos nadadores. Uma das dificuldades desse tipo de circuito é compensar os efeitos da corrente marinha. O diagrama contém o circuito em que deve ser realizada uma volta no sentido anti-horário. As quatro boias estão numeradas de 1 a 4. Existe uma corrente marinha de velocidade $\vec{v}_c$, cujo módulo é 30 metros por minuto, paralela à praia em toda a área do circuito. Nas arestas mais longas, o nadador precisará nadar na direção apontada pelos vetores $\vec{v}_c$ dos pontos 1 até 2 e de 3 até 4. Considere que a velocidade do nadador é de 50 metros por minuto, em relação à água, durante todo o circuito.

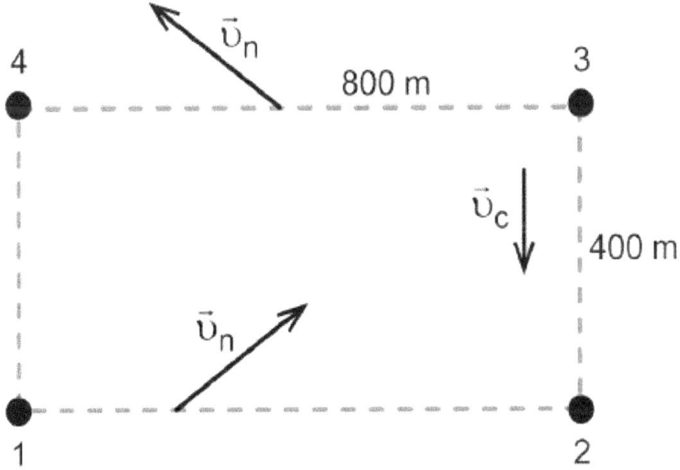

Figura 1.13: Referente à questão 26

Nessa situação, em quantos minutos o nadador completará a prova?

A 42

B 65

C 72

D 105

E 120

Gabarito	
26	B

.

1.5 Movimento Vertical

27. (Enem - 2023) Um professor lança uma esfera verticalmente para cima, a qual retorna, depois de alguns segundos, ao ponto de lançamento. Em seguida, lista em um quadro todas as possibilidades para as grandezas cinemáticas.

Grandeza cinemática	Módulo	Sentido
Velocidade	$v \neq 0$	Para cima
		Para baixo
	$v = 0$	Indefinido*
Aceleração	$a \neq 0$	Para cima
		Para baixo
	$a = 0$	Indefinido*

Figura 1.14: Referente à questão 27

**Grandezas com módulo nulo não têm sentido definido.*

Ele solicita aos alunos que analisem as grandezas cinemáticas no instante em que a esfera atinge a altura máxima, escolhendo uma combinação para os módulos e sentidos da velocidade e da aceleração.
A escolha que corresponde à combinação correta é

(A) $V = 0$ e $a \neq 0$ para cima.

(B) $V \neq 0$ para cima e $a = 0$.

(C) $V = 0$ e $a \neq 0$ para baixo

(D) $V \neq 0$ para cima e $a \neq 0$ para cima.

(E) $V \neq 0$ para baixo e $a \neq 0$ para baixo.par

28. (Fuvest - 2025) Os versos a seguir pertencem à canção Fall on Me, da banda norte-americana R.E.M., lançada em 1986.

    "There's a problem, feathers, iron
    Bargain buildings, weights and pulleys
    Feathers hit the ground before the weight can leave the air"
    Bill Berry, Peter Buck, Mike Mills e Michael Stipe.

    A qual episódio (real ou hipotético) da história da física o trecho da música faz alusão?

    (A) À queda de uma maçã, que teria inspirado Newton à descoberta da gravitação universal.

    (B) À observação de um pássaro em voo, que teria levado Einstein a formular a teoria da relatividade.

    (C) Aos experimentos com objetos de massas diferentes, que teriam indicado a Galileu os princípios da queda livre.

    (D) Ao transbordamento da água em uma banheira, que teria sugerido a Arquimedes o conceito de empuxo.

    (E) À queda de um bloco de ferro ligado a uma hélice, que teria levado Joule à equivalência entre calor e energia.

Gabarito	
27	C
28	C

.

1.6 Lanç. de Projéteis

29. (UERJ - 1EQ - 2024) Durante uma ventania, uma árvore sofreu certa inclinação e, depois, retornou à posição inicial. Nesse processo, um de seus frutos foi projetado e submetido à ação exclusiva da gravidade, descrevendo um arco de parábola. Observe no esquema a trajetória do fruto e as setas I, II, III e IV, que representam possíveis vetores de velocidade resultante na altura máxima.

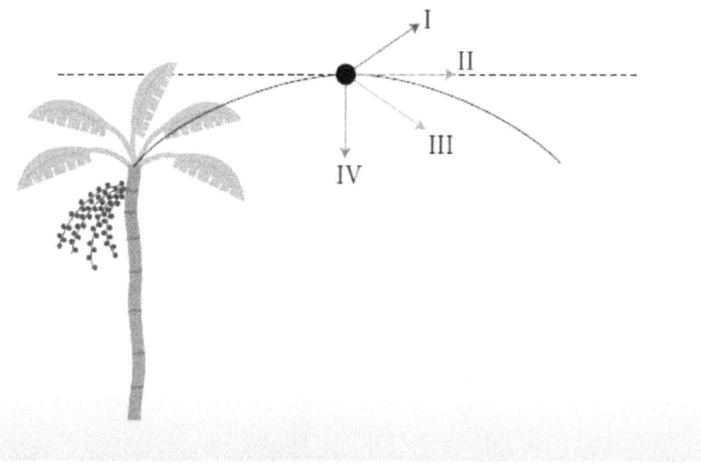

Figura 1.15: Referente à questão 29

Sabe-se que a altura máxima é alcançada pelo fruto alguns instantes após seu lançamento. Nesse caso, o vetor velocidade resultante do fruto é representado pela seguinte seta:

(A) I

(B) II

(C) III

(D) IV

30. (Enem - 2022) Em um dia de calor intenso, dois colegas estão a brincar com a água da mangueira. Um deles quer saber até que altura o jato de água alcança, a partir da saída de água, quando a mangueira está posicionada totalmente na direção vertical. O outro colega propõe então o seguinte experimento: eles posicionarem a saída de água da mangueira na direção horizontal, a 1 m de altura em relação ao chão, e então medirem a distância horizontal entre a mangueira e o local onde a água atinge o chão. A medida dessa distância foi de 3 m, e a partir disso eles calcularam o alcance vertical do jato de água. Considere a aceleração da gravidade de 10 m/s^2.

    O resultado que eles obtiveram foi de

    (A) 1,50 m.

    (B) 2,25 m.

    (C) 4,00 m.

    (D) 4,50 m.

    (E) 5,00 m.

31. (Enem - 2021) A figura foi extraída de um antigo jogo para computadores, chamado Bang! Bang!

    No jogo, dois competidores controlam os canhões A e B, disparando balas alternadamente com o objetivo de atingir o canhão adversário; para isso; atribuem valores estimados para o módulo da velocidade inicial de disparo ($|\vec{V_0}|$) e para o ângulo de disparo (θ).

    Em determinado momento de uma partida, o competidor B deve disparar; ele sabe que a bala disparada anteriormente, $\theta = 53$, passou tangenciando o ponto P.

    No jogo, $|\vec{g}|$ é igual a 10 m/s^2. Considere $\operatorname{sen} 53° = 0,8$, $\cos 53° = 0,6$ e desprezível a ação de forças dissipativas.

    Disponível em: http://mebdownloads.butzke.net.br. Acesso em: 18 abr. 2015 (adaptado).

    Com base nas distâncias dadas e mantendo o último ângulo de disparo, qual deveria ser, aproximadamente, o menor va-

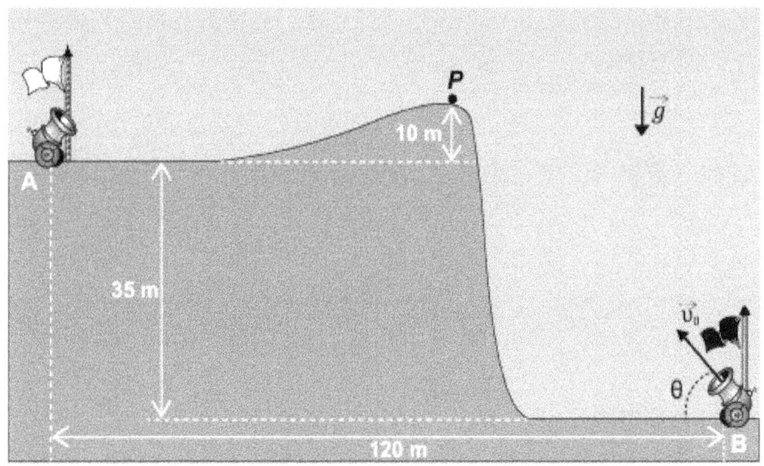

Figura 1.16: Referente à questão 31

lor de $|\vec{V_0}|$ que permitiria ao disparo efetuado pelo canhão B atingir o canhão A?

(A) 30 m/s.

(B) 35 m/s.

(C) 40 m/s.

(D) 45 m/s.

(E) 50 m/s.

32. (Enem - 2020) Nos desenhos animados, com frequência se vê um personagem correndo na direção de um abismo, mas, ao invés de cair, ele continua andando no vazio e só quando percebe que não há nada sob seus pés é que ele para de andar e cai verticalmente. No entanto, para observar uma trajetória de queda num experimento real, pode-se lançar uma bolinha, com velocidade constante (V_0), sobre a superfície de uma mesa e verificar o seu movimento de queda até o chão.

    Qual figura melhor representa a trajetória de queda da bolinha?

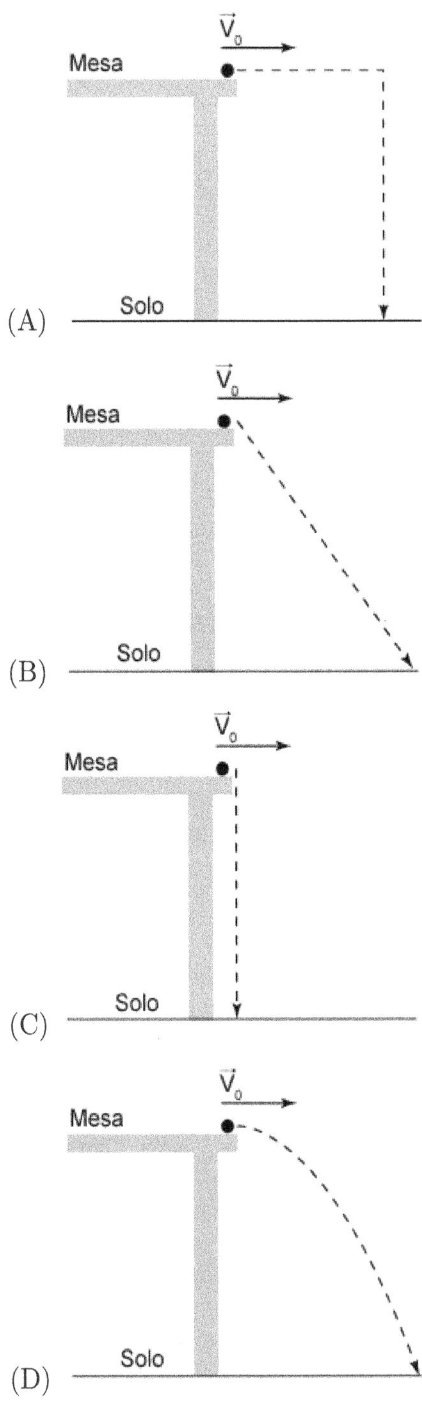

$\vec{V}_0$
Mesa
Solo
(A)
$\vec{V}_0$
Mesa
Solo
(B)
$\vec{V}_0$
Mesa
Solo
(C)
$\vec{V}_0$
Mesa
Solo
(D)

(E)

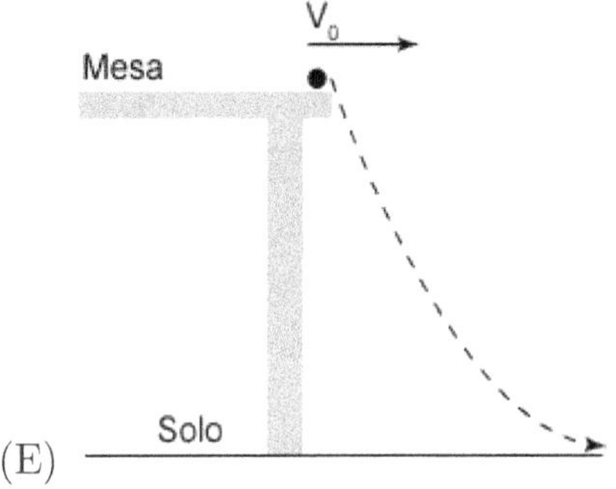

33. (Fuvest - 2020) Um drone voando na horizontal, em relação ao solo (como indicado pelo sentido da seta na figura), deixa cair um pacote de livros. A melhor descrição da trajetória realizada pelo pacote de livros, segundo um observador em repouso no solo, é dada pelo percurso descrito na

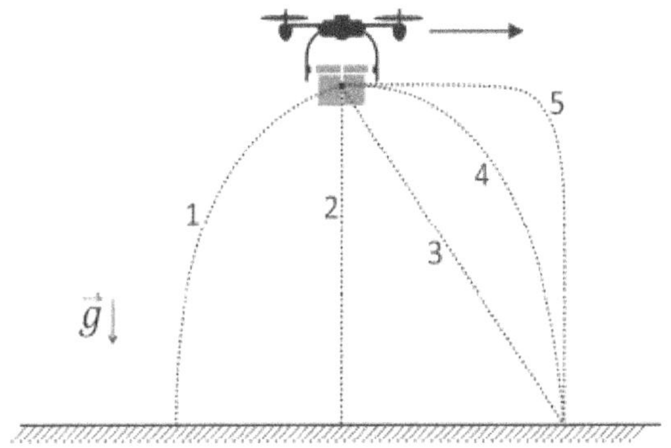

Figura 1.17: Referente à questão 33

(A) trajetória 1.

(B) trajetória 2.

(C) trajetória 3.

(D) trajetória 4.

(E) trajetória 5.

34. (PUC - RJ - 2025) Um canhão de bolinhas é posicionado em um campo a 24 m da base de uma construção, como mostrado na Figura a seguir.

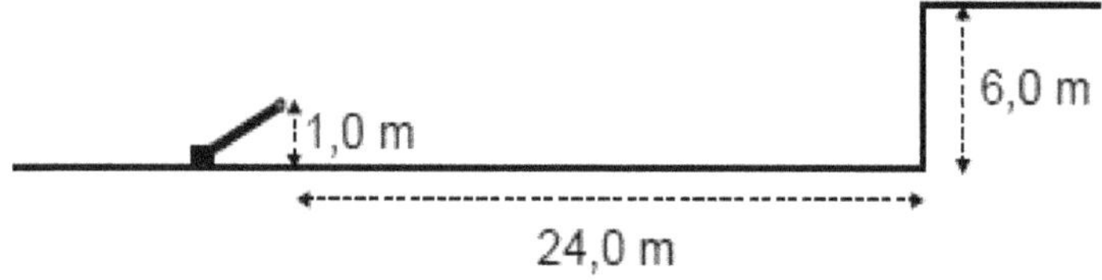

Figura 1.18: Referente à questão 34

Com qual velocidade escalar mínima, em m/s, as bolinhas devem ser lançadas para garantir que alcancem o topo da construção?

Dado

g = 10 m/s^2

(A) 10

(B) 14

(C) 19

(D) 24

(E) 26

35. (PUC - RJ - 2024) Um canhão de lançamento de bolas é posicionado no solo e lança bolas idênticas, sempre com a mesma velocidade em módulo. No primeiro lançamento, a direção de saída da bola é 30° com a horizontal. No segundo lançamento, a direção é mudada para 45° com a horizontal. Sejam as seguintes afirmações:

I - Até novamente chegar ao solo, a primeira bola percorre uma distância horizontal maior que aquela da segunda bola.

II - As duas bolas levam o mesmo tempo para atingir o solo.

III - A segunda bola atinge uma altura vertical maior do que aquela atingida pela primeira bola.

É correto APENAS o que se afirma em

Dado g = 10 m/s^2

$\text{sen}\, 30° = 0,50$

$\cos 30° = 0,87$

$\text{sen}\, 45° = \cos 45° = 0,71$

(A) II

(B) III

(C) I e II

(D) I e II

(E) II e III

Gabarito	
29	B
30	B
31	C
32	D
33	D
34	E
35	B

1.7 Movimento Circular

36. (UERJ - 1EQ - 2019) Em um equipamento industrial, duas engrenagens, A e B, giram 100 vezes por segundo e 6000 vezes por minuto, respectivamente. O período da engrenagem A equivale a T_A e o da engrenagem B, a T_B. A razão $\frac{T_A}{T_B}$ é igual a:

    (A) $\frac{1}{6}$

    (B) $\frac{3}{5}$

    (C) 1

    (D) 6

37. (Enem - 2019) Na madrugada de 11 de março de 1978, partes de um foguete soviético reentraram na atmosfera acima da cidade do Rio de Janeiro e caíram no Oceano Atlântico. Foi um belo espetáculo, os inúmeros fragmentos entrando em ignição devido ao atrito com a atmosfera brilharam intensamente, enquanto "cortavam o céu". Mas se a reentrada tivesse acontecido alguns minutos depois, teríamos uma tragédia, pois a queda seria na área urbana do Rio de Janeiro e não no oceano.

    De acordo com os fatos relatados, a velocidade angular do foguete em relação à Terra no ponto de reentrada era

    (A) igual à da Terra e no mesmo sentido.

    (B) superior à da Terra e no mesmo sentido.

    (C) inferior à da Terra e no sentido oposto.

    (D) igual à da Terra e no sentido oposto.

    (E) superior à da Terra e no sentido oposto.

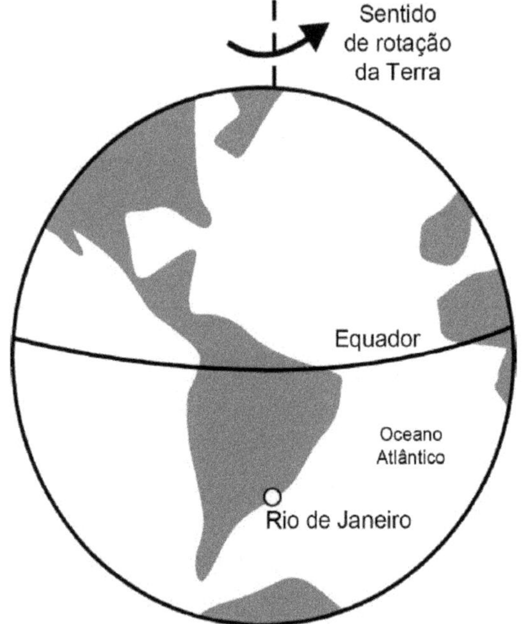

Figura 1.19: Referente à questão 37

38. (Fuvest - 2020) No dia 10 de abril de 2019, a equipe do Event Horizon Telescope (EHT, "Telescópio Horizonte de Eventos") divulgou a primeira imagem de um buraco negro, localizado no centro da galáxia M87, obtida por um conjunto de telescópios com diâmetro efetivo equivalente ao da Terra, de 12.700 km. Devido ao fenômeno físico da difração, instrumentos óticos possuem um limite de resolução angular, que corresponde à mínima separação angular entre dois objetos que podem ser identificados separadamente quando observados à distância. O gráfico mostra o limite de resolução de um telescópio, medido em radianos, como função do seu diâmetro, para ondas luminosas de comprimento de onda de 1,3 mm, igual ao daquelas captadas pelo EHT. Note a escala logarítmica dos eixos do gráfico.

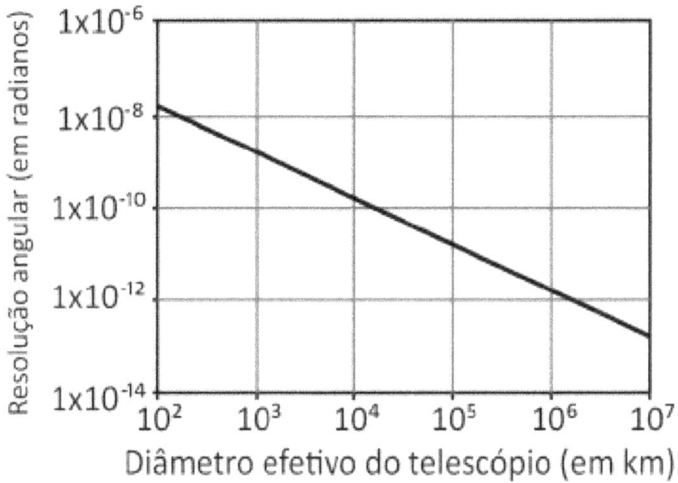

Figura 1.20: Referente à questão 38

Sabe-se que o tamanho equivalente a um pixel na foto do buraco negro corresponde ao valor da menor distância entre dois objetos naquela galáxia para que eles possam ser identificados separadamente pelo EHT. Com base nas informações anteriores e na análise do gráfico, e sabendo que a distância da Terra até a galáxia M87 é de 5×10^{20} km, indique o valor mais próximo do tamanho do pixel.

(A) 5×10^{1} km

(B) 5×10^{4} km

(C) 5×10^{7} km

(D) 5×10^{10} km

(E) 5×10^{13} km

Gabarito	
36	C
37	B
38	D

1.8 Dinâmica

39. (UERJ - 1EQ - 2025) Observe, no gráfico a seguir, a relação entre a massa m de um corpo e a aceleração a que nele atua:

Figura 1.21: Referente à questão 39

No gráfico, a área abaixo da curva representa a seguinte grandeza física:

(A) velocidade

(B) trabalho

(C) impulso

(D) força

40. (UERJ - 2EQ - 2024) Balões meteorológicos, que têm a função de medir dados climáticos, podem alcançar altitudes elevadas. Admita que um desses balões, no instante em que sua densidade se iguala à do ar atmosférico à sua volta, permanece fixo em uma posição por um longo período. Essa situação ocorre quando as duas forças que atuam sobre o balão, o peso P e o empuxo E, correspondem à razão $\frac{P}{E}$.

O valor de $\frac{P}{E}$ é igual a:

(A) 0,5

(B) 1,0

(C) 1,5

(D) 2,0

41. (UERJ - 2EQ - 2024)Um bloco com massa igual a 12 kg encontra-se inicialmente em repouso sobre determinado tipo de superfície plana e horizontal. Em um dado instante, o bloco é empurrado por uma força de 72 N, paralela à superfície, que se iguala ao módulo da força máxima de atrito estático que atua sobre ele. Considere os seguintes valores de coeficientes de atrito estático:

TIPOS DE SUPERFÍCIE	COEFICIENTES DE ATRITO ESTÁTICO
Madeira	0,2
Alumínio	0,4
Aço	0,6
Borracha	0,8

Admitindo a aceleração da gravidade igual a 10 m/s^2, o bloco se encontra sobre o seguinte tipo de superfície:

(A) madeira

(B) alumínio

(C) aço

(D) borracha

42. (UERJ - Exame Único - 2023) Para um experimento de estudo das leis de Newton, um recipiente com massa de 100 kg foi colocado sobre um carrinho em uma superfície plana. Três grupos de pessoas exerceram forças distintas sobre esse sistema, conforme representado na imagem I. As forças aplicadas sobre o mesmo sistema visto de cima estão representadas na imagem II.

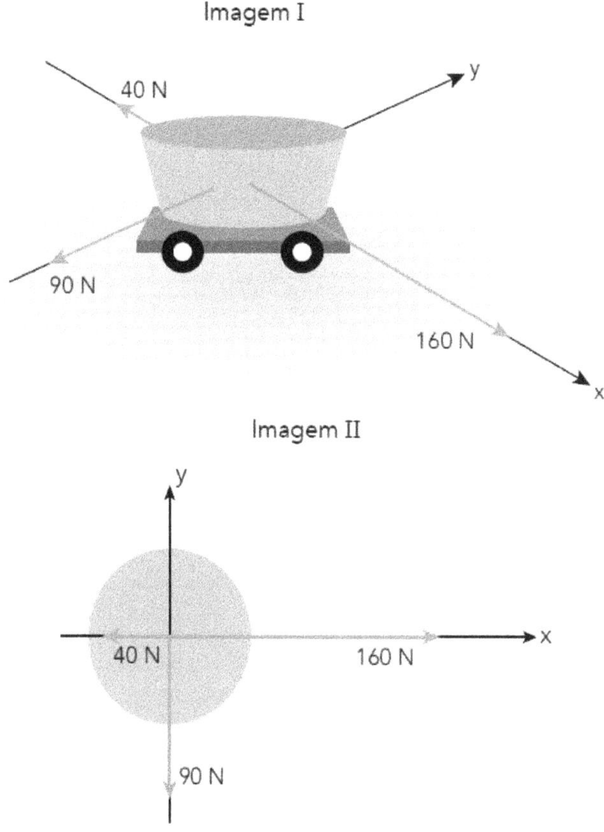

Figura 1.22: Referente à questão 42

Considerando apenas a força resultante exercida pelos três grupos, o módulo da aceleração, em m/s^2, que atua sobre o recipiente é igual a:

(A) 2,9

(B) 2,4

(C) 1,5

(D) 1,3

43. (UERJ - Exame Único - 2022) O funcionário de um supermercado recolhe as mercadorias deixadas nos caixas e as coloca em carrinhos. Após certo tempo de trabalho, as mercadorias recolhidas ocupam quatro carrinhos, interligados pelas correntes I, II e III para facilitar a locomoção, como ilustra a imagem. Ao deslocar os carrinhos, o funcionário exerce uma força F de intensidade igual a 8 N. Considere que cada

Figura 1.23: Referente à questão 43

carrinho, com os produtos neles contidos, possui massa de 10 kg. Desprezando os atritos, a tração na corrente II, em newtons, corresponde a:

(A) 2

(B) 3

(C) 4

(D) 5

44. (UERJ - Exame Único - 2021) Uma empresa testou quatro molas para utilização em um sistema de fechamento automático de portas. Para avaliar sua eficiência, elas foram fixadas a uma haste horizontal e, em suas extremidades livres, foram fixados corpos com diferentes massas.

Observe na tabela os valores tanto das constantes elásticas K das molas quanto das massas dos corpos.

Para que o sistema de fechamento funcione com mais eficiência, a mola a ser utilizada deve ser a que apresentou maior deformação no teste. Essa mola está identificada pelo seguinte número:

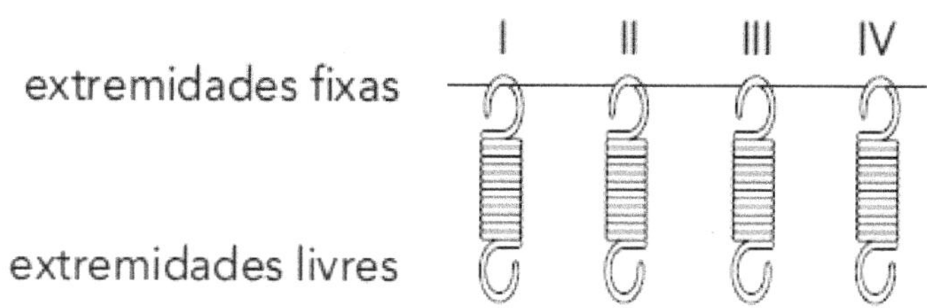

Figura 1.24: Referente à questão 44

MOLA	K (N/cm)	MASSA DO CORPO FIXADO (kg)
I	0,9	0,9
II	0,8	1,2
III	0,6	1,8
IV	0,7	1,4

Figura 1.25: Referente à questão 44

(A) I

(B) II

(C) III

(D) IV

45. (UERJ - 2EQ - 2019) Um carro de automobilismo se desloca com velocidade de módulo constante por uma pista de corrida plana. A figura abaixo representa a pista vista de cima, destacando quatro trechos: AB, BC, CD e DE.

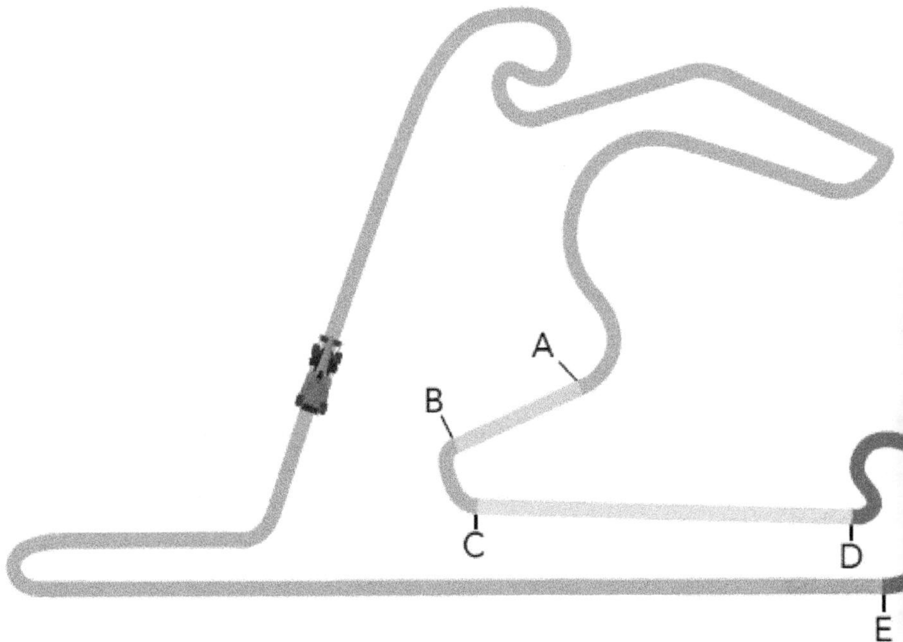

Figura 1.26: Referente à questão 45

A força resultante que atua sobre o carro é maior que zero nos seguintes trechos:

(A) AB e BC

(B) BC e DE

(C) DE e CD

(D) CD e AB

46. (Enem - 2024) Na tirinha, Calvin se divertia em um balanço antes de soltar-se dele e cair ao chão. Em sua fala, ele demonstra ter imaginado que permaneceria em movimento circular. Porém, a força gravitacional, que permanece atuando

no garoto, modifica a direção de sua velocidade, fazendo com que ele chegue ao chão da maneira ilustrada no último quadrinho.

Figura 1.27: Referente à questão 46

Qual vetor representa a força resultante exercida pelo chão sobre Calvin no exato momento em que ele toca o chão?

(A) 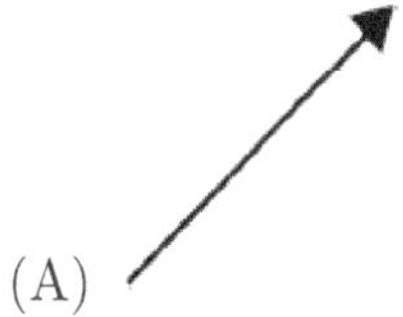

(B)

(C)

(D)

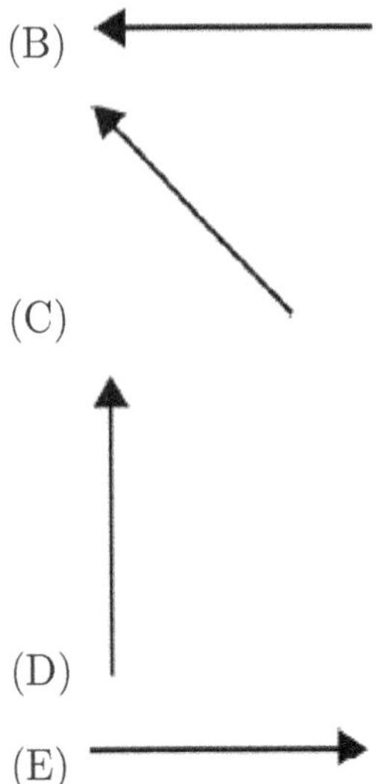

(E)

47. (Enem - 2023) Uma academia decide trocar gradualmente seus aparelhos de musculação. Agora, os frequentadores que utilizam os aparelhos do tipo 1 podem também utilizar os aparelhos do tipo 2, representados na figura, para elevar cargas correspondentes às massas M_1 e M_2, com velocidade constante. A fim de que o exercício seja realizado com a mesma força F, os usuários devem ser orientados a respeito da relação entre as cargas nos dois tipos de aparelhos, já que as polias fixas apenas mudam a direção das forças, enquanto a polia móvel divide as forças. Em ambos os aparelhos, considere as cordas inextensíveis, as massas das polias e das cordas desprezíveis e que não há dissipação de energia.

Para essa academia, qual deve ser a razão $\frac{M_2}{M_1}$ informada aos usuários?

(A) $\frac{1}{4}$

(B) $\frac{1}{2}$

(C) 1

(D) 2

(E) 4

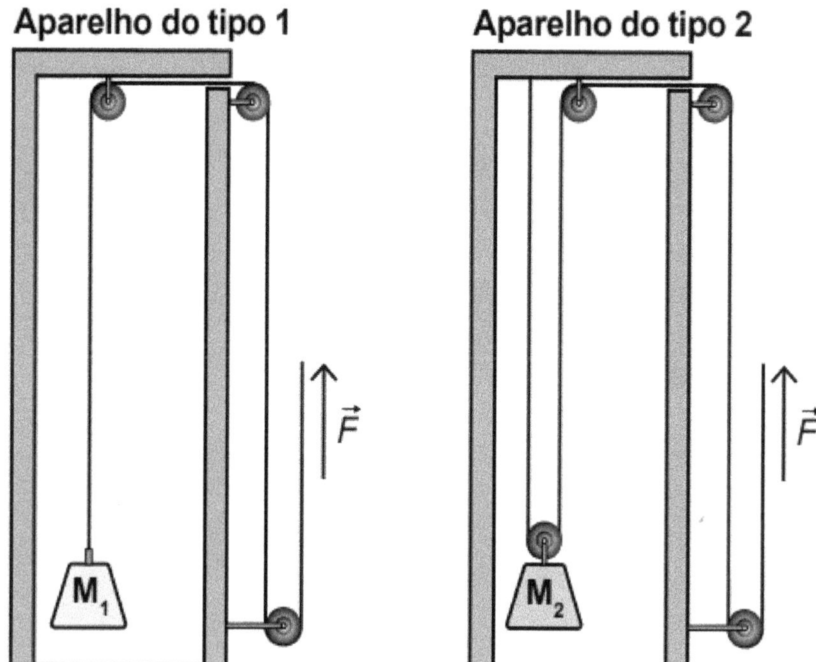

Figura 1.28: Referente à questão 47

48. (Enem - 2023) Uma equipe de segurança do transporte de uma empresa avalia o comportamento das tensões que aparecem em duas cordas, 1 e 2, usadas para prender uma carga de massa M = 200 kg na carroceria, conforme a ilustração. Quando o caminhão parte do repouso, sua aceleração é constante e igual a 3 m/s^2 e, quando ele é freado bruscamente, sua frenagem é constante e igual a 5 m/s^2. Em ambas as situações, a carga encontra-se na iminência de movimento, e o sentido do movimento do caminhão está indicado na figura. O coeficiente de atrito estático entre a caixa e o assoalho da carroceria é igual a 0,2. Considere a aceleração da gravidade igual a 10 m/s^2 , as tensões iniciais nas cordas iguais a zero e as duas cordas ideais.

Nas situações de aceleração e frenagem do caminhão, as tensões nas cordas 1 e 2, em newton, serão

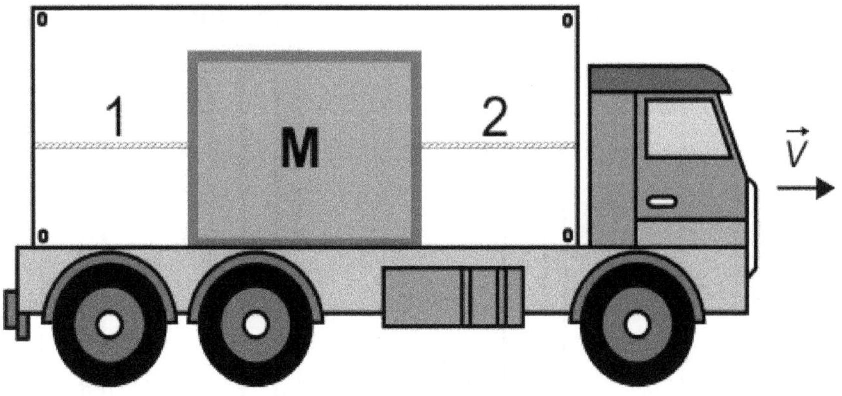

Figura 1.29: Referente à questão 48

(A) aceleração: $T_1 = 0$ e $T_2 = 200$; frenagem: $T_1 = 600$ e $T_2 = 0$

(B) aceleração: $T_1 = 0$ e $T_2 = 200$; frenagem: $T_1 = 1\,400$ e $T_2 = 0$.

(C) aceleração: $T_1 = 0$ e $T_2 = 600$; frenagem: $T_1 = 600$ e $T_2 = 0$.

(D) aceleração: $T_1 = 560$ e $T_2 = 0$; frenagem: $T_1 = 0$ e $T_2 = 960$.

(E) aceleração: $T_1 = 640$ e $T_2 = 0$; frenagem: $T_1 = 0$ e $T_2 = 1\,040$.

49. (Enem - 2022) Um pai faz um balanço utilizando dois segmentos paralelos e iguais da mesma corda para fixar uma tábua a uma barra horizontal. Por segurança, opta por um tipo de corda cuja tensão de ruptura seja 25% superior à tensão máxima calculada nas seguintes condições:

• O ângulo máximo atingido pelo balanço em relação à vertical é igual a 90°;

• Os filhos utilizarão o balanço até que tenham uma massa de 24 kg.

Além disso, ele aproxima o movimento do balanço para o

movimento circular uniforme, considera que a aceleração da gravidade é igual a 10 m/s^2 e despreza forças dissipativas.

Qual é a tensão de ruptura da corda escolhida?

(A) 120 N

(B) 300 N

(C) 360 N

(D) 450 N

(E) 900 N

50. (Enem - 2021) No seu estudo sobre a queda dos corpos, Aristóteles afirmava que se abandonarmos corpos leves e pesados de uma mesma altura, o mais pesado chegaria mais rápido ao solo. Essa ideia está apoiada em algo que é difícil de refutar, a observação direta da realidade baseada no senso comum.

Após uma aula de física, dois colegas estavam discutindo sobre a queda dos corpos, e um tentava convencer o outro de que tinha razão:

Colega A: "O corpo mais pesado cai mais rápido que um menos pesado, quando largado de uma mesma altura. Eu provo, largando uma pedra e uma rolha. A pedra chega antes. Pronto! Tá provado!".

Colega B: "Eu não acho! Peguei uma folha de papel esticado e deixei cair. Quando amassei, ela caiu mais rápido. Como isso é possível? Se era a mesma folha de papel, deveria cair do mesmo jeito. Tem que ter outra explicação!"

HÜLSENDEGER, M. Uma análise das concepções dos alunos sobre a queda dos corpos. Caderno Brasileiro de Ensino de Física, n. 3, dez. 2004 (adaptado).

O aspecto físico comum que explica a diferença de comportamento dos corpos em queda nessa discussão é o(a)

(A) peso dos corpos.

(B) resistência do ar.

(C) massa dos corpos.

(D) densidade dos corpos.

(E) densidade dos corpos.

51. (Fuvest - 2024) Pinturas na tumba de um faraó do século XIX a.C. sugerem que os antigos egípcios adicionavam água à areia em frente aos trenós utilizados para transportar grandes peças, como pedras para pirâmides. Esse transporte era realizado por carregadores que puxavam os trenós sobre a areia.

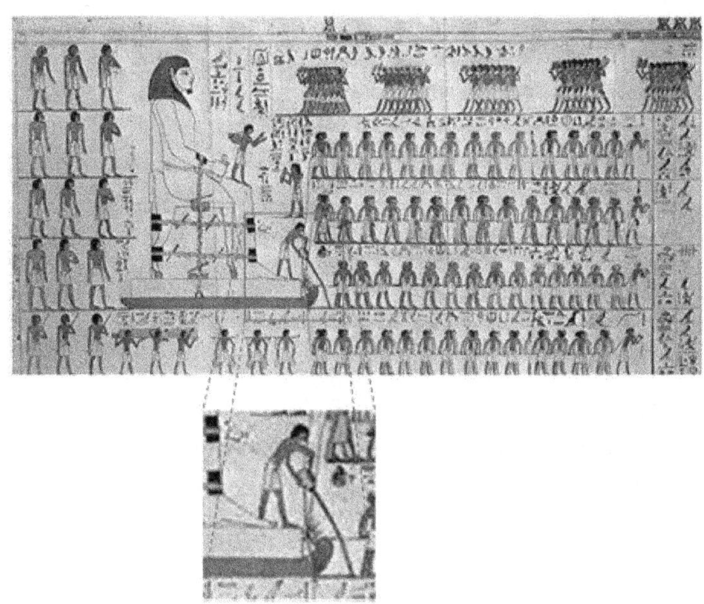

FALL et al., *Physical Review Letters* **112**, 175502 (2014).

Figura 1.30: Referente à questão 51

Em 2014, cientistas realizaram medidas para testar essa hipótese e, sob certas condições, encontraram os coeficientes de atrito cinético entre o trenó e a areia listados na tabela:

Considerando as informações da tabela, qual conteúdo de água na areia tornaria mais fácil o transporte das peças pelos carregadores?

Conteúdo de água	0%	1,5%	3,2%	7,4%
Coeficiente de atrito	0,57	0,54	0,50	0,61

(A) 0% (areia seca)

(B) 1,5%

(C) 3,2%

(D) 7,4%

(E) O conteúdo de água não afeta o transporte.

52. (Fuvest - 2023) Os lagartos do gênero Basiliscus têm a capacidade incomum de correr sobre a água. Essa espécie possui uma membrana entre os dedos que aumenta a área superficial de suas patas traseiras. Com uma combinação de forças verticais de suporte e forças horizontais propulsivas geradas pelo movimento de suas patas na água, o lagarto consegue obter impulso resultante para cima e para frente, conforme figura a seguir. Isso garante uma estabilidade dinâmica na superfície da água, em corridas que podem chegar a dezenas de metros, dependendo do peso e da idade do animal.

Sobre esse movimento, é correto afirmar:

(A) A componente vertical da reação à força gerada pelas patadas na água compensa o peso do animal, fazendo com que ele não afunde.

(B) O mecanismo de flutuação do lagarto advém de um equilíbrio hidrostático, que pode ser explicado pelo princípio de Arquimedes.

(C) Por ser um meio viscoso, a água possui um atrito desprezível, facilitando a flutuação.

(D) A alta salinidade da água é uma condição necessária para que ocorra um equilíbrio entre as forças envolvidas no movimento.

(E) A tensão superficial da água, por si só, é suficiente para impedir que o animal afunde.

Disponível em https://wonderopolis.org/.

Figura 1.31: Referente à questão 52

53. (Fuvest - 2022) Considere a situação indicada na figura, em que um motor, com o auxílio de uma polia, ergue verticalmente uma caixa de massa 12 kg. A caixa contém materiais frágeis e deve ser erguida com velocidade constante. Qual é a magnitude da força vertical que o motor deve exercer para realizar a tarefa?

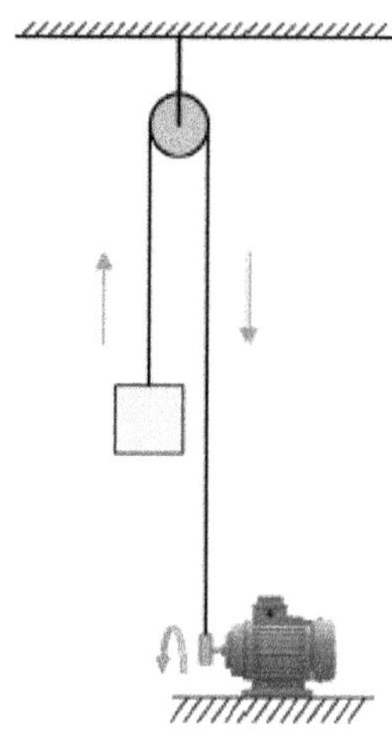

Figura 1.32: Referente à questão 53

Note e adote:

Despreze efeitos de atrito.

Aceleração da gravidade: g = 10 m/s^2.

(A) 0 N

(B) 30 N

(C) 60 N

(D) 120 N

(E) 240 N

54. (Fuvest - 2021) Considere as seguintes afirmações:

I - Uma pessoa em um trampolim é lançada para o alto. No ponto mais alto de sua trajetória, sua aceleração será nula, o que dá a sensação de "gravidade zero".

II - A resultante das forças agindo sobre um carro andando em uma estrada em linha reta a uma velocidade constante tem módulo diferente de zero.

III - As forças peso e normal atuando sobre um livro em repouso sobre uma mesa horizontal formam um par ação-reação.

De acordo com as Leis de Newton:

(A) Somente as afirmações I e II são corretas.

(B) Somente as afirmações I e III são corretas.

(C) Somente as afirmações II e III são corretas.

(D) Todas as afirmações estão corretas.

(E) Nenhuma das afirmações é correta.

55. (PUC - RJ - 2024) No sistema mostrado na Figura, as massas dos blocos 1 e 2 são, respectivamente, $m_1 = 2{,}0$ kg e $m_2 = 3{,}0$ kg. Não há atrito entre o bloco 2 e a superfície da rampa, e a roldana e o fio são considerados ideais.

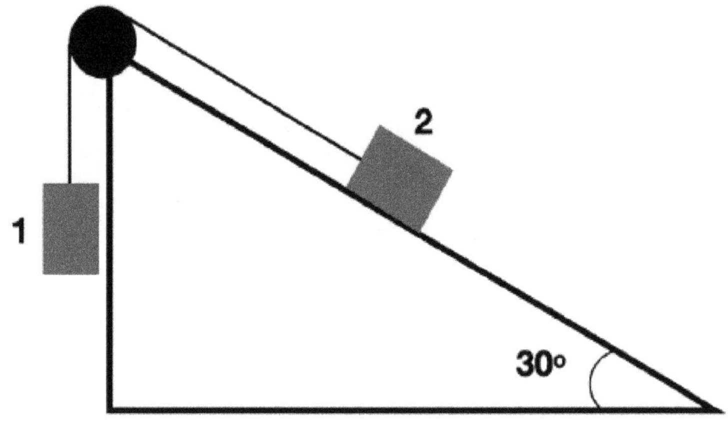

Figura 1.33: Referente à questão 55

Nessas condições, qual é a tensão no fio, em newtons?

Dado

g = 10 m/s^2

$\text{sen}\,30° = 0{,}50$

$\cos 30° = 0{,}87$

(A) 10

(B) 15

(C) 18

(D) 20

(E) 24

56. (PUC - RJ - 2025) Na Figura a seguir, é mostrado o bloco 1, de massa 2,0 kg, unido ao bloco 2, de massa 1 kg, por meio de um fio ideal que passa por uma roldana ideal. O bloco 1 é puxado por uma força F, de módulo 20 N, e o coeficiente de atrito cinético entre esse bloco e a superfície em que ele está apoiado é 0,2.

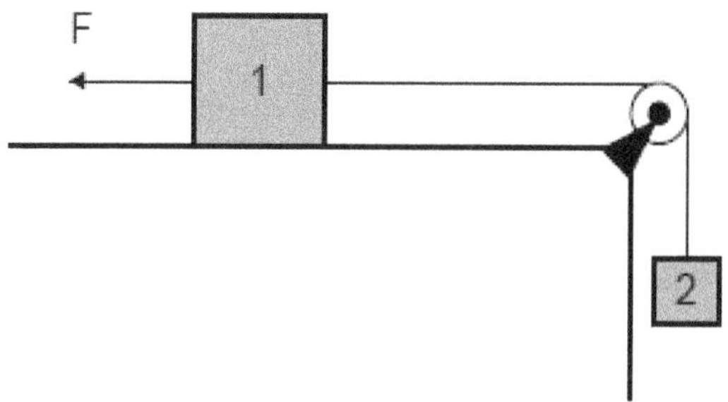

Figura 1.34: Referente à questão 56

Qual é a força de tensão no fio, em newtons?

Dado: g = 10 m/s^2

(A) 4

(B) 10

(C) 12

(D) 16

(E) 20

57. (PUC - RJ - 2025) No sistema mostrado na Figura, os blocos 1 e 2 são idênticos e têm massa M. Um único fio ideal, sustentado ao teto à direita, passa por duas roldanas ideais (não massivas).

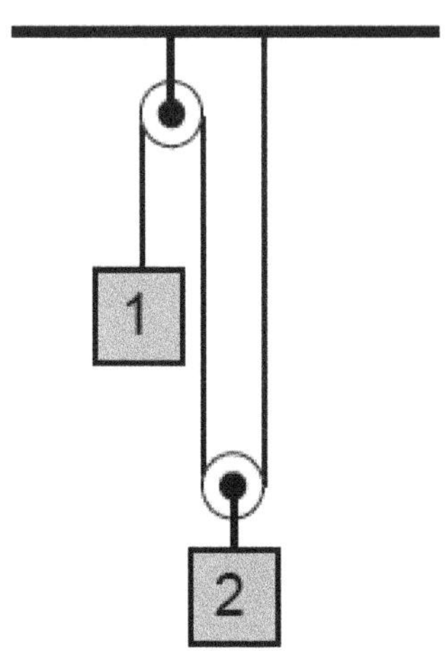

Figura 1.35: Referente à questão 57

Nessas condições e sendo g o módulo da aceleração da gravidade, qual é o módulo e o sentido da aceleração do bloco 2?

(A) 2g/5, subindo

(B) g/3, subindo

(C) g/5, subindo

(D) g/5, descendo

(E) g/3, descendo

58. (PUC - RJ - 2025) Na Figura a seguir, observa-se uma força F, de módulo 18 N, que atua na caixa 1, de massa 2,0 kg. A caixa 2, de massa 1,0 kg, está apoiada sobre a caixa 1 e se move conjuntamente. Entre a caixa 1 e o piso há uma força de atrito de módulo 3,0 N.

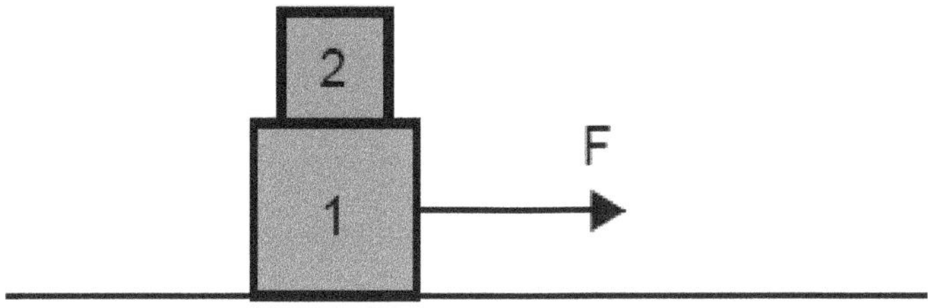

Figura 1.36: Referente à questão 58

Qual é a aceleração, em m/s^2, da caixa 2?

Dado: g $= 10\ m/s^2$

(A) 5,0

(B) 6,0

(C) 7,0

(D) 9,0

(E) 15

59. (PUC - RJ - 2024) O sistema representado na Figura abaixo é armado (e inicialmente sustentado) de tal forma que a caixa 1, de massa 1,0 kg, é colocada apoiada em uma rampa sem atrito. Sobre a caixa 1, é colocada a caixa 2 de massa 2,0 kg. A caixa 2 está presa a um fio fixo (ver figura). O coeficiente de atrito estático entre as duas caixas é 0,4, e a tensão máxima que o fio pode suportar é 20 N.

Nessas condições, após os primeiros instantes, a(o)

Dado

$g = 10\ m/s^2$

$\text{sen}\, 30° = 0,50$

$\cos 30° = 0,87$

(A) caixa 1 começa a deslizar, e a tensão na corda é 7 N.

(B) corda se rompe, e as duas caixas começam a deslizar juntas.

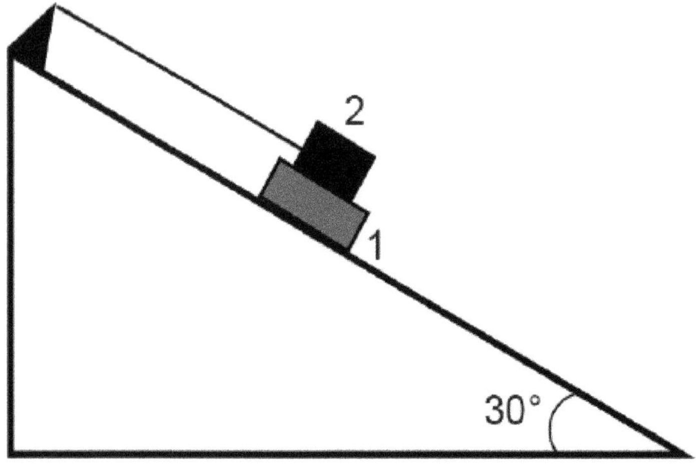

Figura 1.37: Referente à questão 59

(C) conjunto se mantém em equilíbrio, e a força de atrito entre as caixas é 7 N.

(D) conjunto se mantém em equilíbrio, e a tensão na corda é 7 N.

(E) conjunto se mantém em equilíbrio, e a tensão na corda é 15 N.

60. (PUC - RJ - 2024) Dois corpos idênticos 1 e 2 de massa M estão ligados por uma corda ideal que passa por uma polia ideal, como mostrado na Figura abaixo.

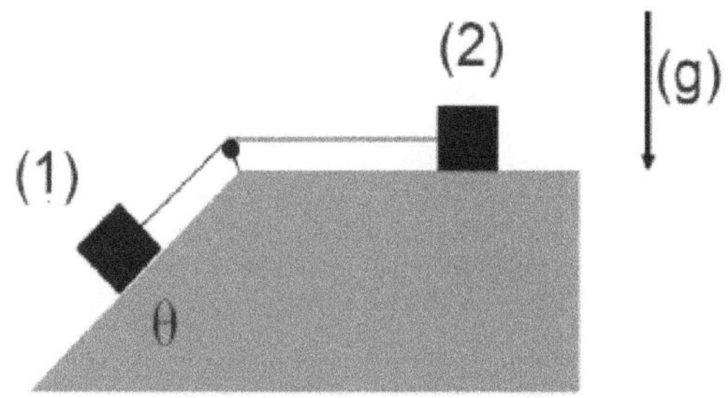

Figura 1.38: Referente à questão 60

Os corpos são soltos a partir do repouso. O ângulo do plano inclinado é $\theta = 30°$.

Desconsiderando-se os atritos, qual é a velocidade do corpo 2 após o corpo 1 percorrer a distância L ao longo do plano inclinado?

(A) $\sqrt{gL/2}$

(B) $\sqrt{gL}$

(C) $gL/2$

(D) gL

(E) g/L

Gabarito	
39	D
40	B
41	C
42	C
43	C
44	C
45	B
46	A
47	D
48	A
49	D
50	B
51	C
52	A
53	D
54	E
55	C
56	C
57	C
58	A
59	E
60	A

1.9 Trabalho / Energia

61. (UERJ - 2EQ - 2024) O gráfico a seguir representa a energia potencial gravitacional em função da altura de um mesmo objeto posicionado próximo às superfícies dos planetas W, X, Y e Z de um sistema estelar.

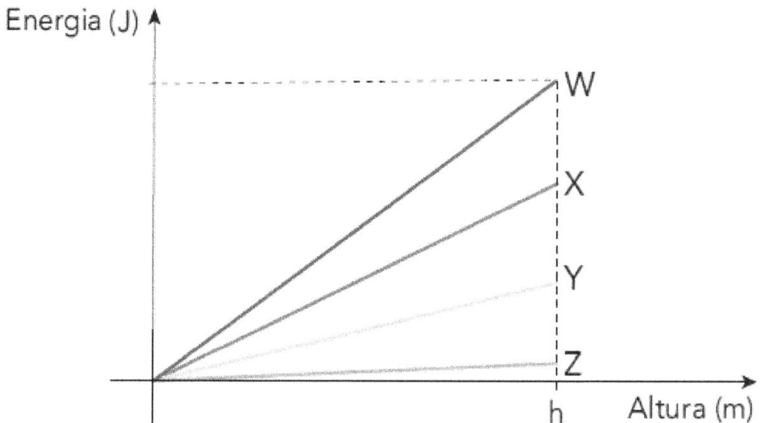

Figura 1.39: Referente à questão 61

Considere que o objeto se encontra a uma mesma altura h em cada um dos planetas. Nessas condições, esse objeto está submetido a uma aceleração gravitacional mais intensa no planeta indicado pela letra:

(A) W

(B) X

(C) Y

(D) Z

62. (UERJ - 1EQ - 2024) RAIOS NAS TEMPESTADES DE VERÃO

    Da energia liberada por um raio, só uma pequena fração é convertida em energia elétrica; a maior parte se transforma em calor, luz, som e ondas de rádio. A fração convertida em energia elétrica é da ordem de 360 quilowatts-hora (kWh), aproximadamente o mesmo que consumiria uma lâmpada de LED de 100 watts (W) acesa durante alguns meses.

    Adaptado de ciênciahoje.org.br.

    Considere que um mês dura 30 dias e que uma lâmpada de LED funciona com a potência de 25 watts. Essa lâmpada consumirá a fração convertida em energia elétrica mencionada no texto em x meses. O valor de x é igual a:

    (A) 5

    (B) 10

    (C) 15

    (D) 20

63. (UERJ - Exame Único - 2023) Em uma praça, uma criança com massa de 30 kg desce por um escorrega. A altura considerada do topo do escorrega até seu ponto mais baixo é de 2,0 m, como ilustra a figura a seguir.

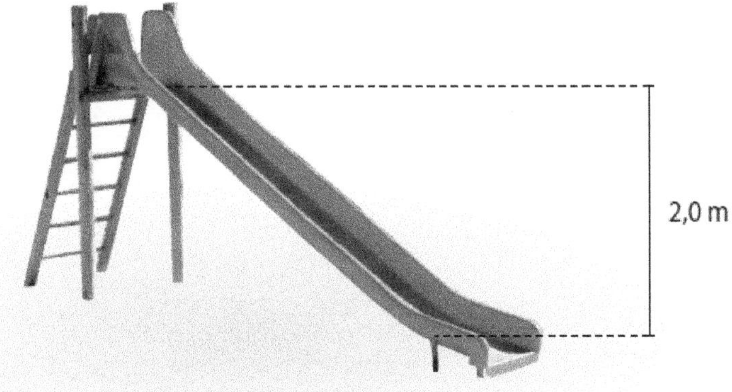

Figura 1.40: Referente à questão 63

Sabe-se que a aceleração da gravidade é igual a 10 m/s^2 e que, durante a descida da criança, ocorre uma perda de energia mecânica de 60%. Ao atingir o ponto mais baixo do escorrega, a velocidade da criança, em m/s, é igual a:

(A) 4,0

(B) 5,0

(C) 7,0

(D) 8,0

64. (UERJ - Exame Único - 2021) Observe a reprodução da tela Cena rural, de Cândido Portinari, na qual um trabalhador faz uso de uma enxada.

Figura 1.41: Referente à questão 64

Considere que um lavrador utiliza uma enxada de massa igual a 1,3 kg. Para realizar determinada tarefa, ele faz um movimento com a enxada que desloca seu centro de massa C entre os pontos x e y, sucessivamente, em uma altura h média de 0,8 m. Esse movimento é repetido 50 vezes, de modo que, ao final da tarefa, a força exercida pelo lavrador realiza o trabalho T. Observe o esquema:

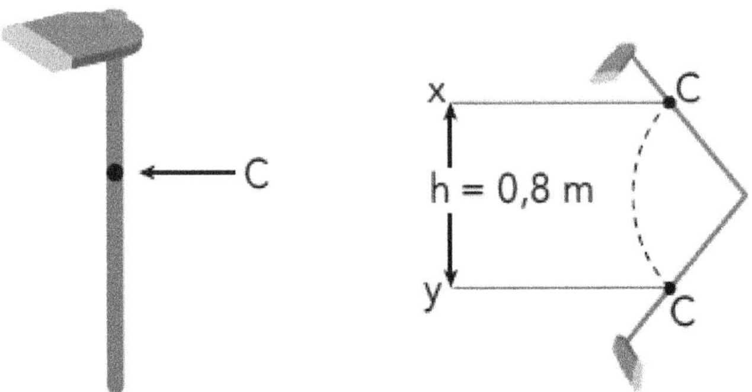

Figura 1.42: Referente à questão 64

Considerando a aceleração da gravidade g = 10 m/s^2, o valor mínimo de T, em joules, é igual a:

(A) 640

(B) 520

(C) 480

(D) 360

65. (UERJ - 1EQ - 2020) Para romper uma ligação de hidrogênio de 1 mol de DNA, é necessário um valor médio de energia E = 30 kJ. Desprezando as forças dissipativas, e considerando g = 10 m/s^2, esse valor de E é capaz de elevar um corpo de massa m = 120 kg a uma altura h. O valor de h, em metros, corresponde a:

(A) 25

(B) 35

(C) 45

(D) 55

66. (Enem - 2022) Em 2017, foi inaugurado, no estado da Bahia, o Parque Solar Lapa, composto por duas usinas (Bom Jesus da Lapa e Lapa) e capaz de gerar cerca de 300 GWh de energia por ano. Considere que cada usina apresente potência igual a 75 Mω, com o parque totalizando uma potência instalada de 150 Mω. Considere ainda que a irradiância solar média é de 1 500 $\frac{\omega}{m^2}$ e que a eficiência dos painéis é de 20%.

    Parque Solar Lapa entra em operação.

    Disponível em: www.canalbioenergia.com.br. Acesso em: 9 jun. 2022 (adaptado).

    Nessas condições, a área total dos painéis solares que compõem o Parque Solar Lapa é mais próxima de:

    (A) 1 000 000 m^2

    (B) 500 000 m^2

    (C) 250 000 m^2

    (D) 100 000 m^2

    (E) 20 000 m^2

67. (Enem - 2021) Analisando a ficha técnica de um automóvel popular, verificam-se algumas carcterísticas em relação ao seu desempenho. Considerando o mesmo automóvel em duas versões, uma delas funcionando a álcool e outra, a gasolina, tem-se os dados apresentados no quadro, em relação ao desempenho de cada motor.

Parâmetro	Motor a gasolina	Motor a álcool
Aceleração	de 0 a 100 km/h em 13,4 s	de 0 a 100 km/h em 12,9 s
Velocidade máxima	165 km/h	163 km/h

Figura 1.43: Referente à questão 67

Considerando desprezível a resistência do ar, qual versão apresenta maior potência?

(A) Como a versão a gasolina consegue a maior aceleração, esta é a que desenvolve a maior potência.

(B) Como a versão a gasolina atinge o maior valor de energia cinética, esta é a que desenvolve a maior potência.

(C) Como a versão a álcool apresenta a maior taxa de variação de energia cinética, esta é a que desenvolve a maior potência.

(D) Como ambas as versões apresentam a mesma variação de velocidade no cálculo da aceleração, a potência desenvolvida é a mesma.

(E) Como a versão a gasolina fica com o motor trabalhando por mais tempopara atingir os 100 Km/h, esta é a que desenvolve a maior potência.

68. (Enem - 2019) Numa feira de ciências, um estudante utilizará o disco de Maxwell (ioiô) para demonstrar o princípio da conservação da energia. A apresentação consistirá em duas etapas:

Etapa 1 - a explicação de que, à medida que o disco desce, parte de sua energia potencial gravitacional é transformada em energia cinética de translação e energia cinética de rotação;

Etapa 2 - o cálculo da energia cinética de rotação do disco no ponto mais baixo de sua trajetória, supondo o sistema conservativo.

Ao preparar a segunda etapa, ele considera a aceleração da gravidade igual a 10 $m\ s^{-2}$ e a velocidade linear do centro de massa do disco desprezível em comparação com a velocidade angular. Em seguida, mede a altura do topo do disco em relação ao chão no ponto mais baixo de sua trajetória, obtendo 1/3 da altura da haste do brinquedo.

As especificações de tamanho do brinquedo, isto é, de comprimento (C), largura (L) e altura (A), assim como da massa de seu disco de metal, foram encontradas pelo estudante no recorte de manual ilustrado a seguir.

Conteúdo: base de metal, hastes metálicas, barra superior, disco de metal.

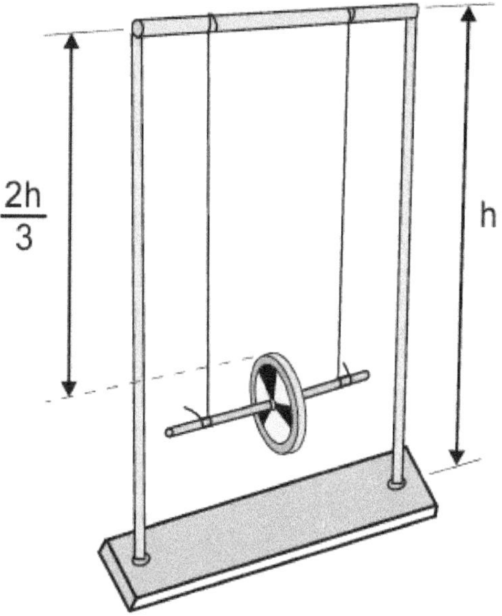

Figura 1.44: Referente à questão 68

Tamanho (C × L × A): 300 mm × 100 mm × 410 mm

Massa do disco de metal: 30 g

O resultado do cálculo da etapa 2, em joule, é:

(A) $4,10 \times 10^{-2}$

(B) $8,20 \times 10^{-2}$

(C) $1,23 \times 10^{-1}$

(D) $8,20 \times 10^{4}$

(E) $1,23 \times 10^{5}$

69. (Fuvest - 2025) Um brinquedo bastante comum em parques de diversões, a montanha-russa, utiliza-se da transformação parcial de energia potencial em energia cinética (e vice-versa) como princípio de funcionamento. Uma das montanhas-russas mais famosas do mundo, a Takabisha, cuja pista possui mais de 1 km de extensão, localiza-se no Japão e tem vista para o Monte Fuji. Nela, a subida inicial até o ponto

mais alto, situado a uma altura aproximada de 50 m do solo, é feita sob ângulo de aproximadamente 90 graus, seguida de uma descida vertiginosa, cuja velocidade, no ponto mais baixo desse trecho, atinge cerca de 30 m/s em poucos segundos.

Montanha-russa Takabisha.

Figura 1.45: Referente à questão 69

Considerando um carrinho ocupado com massa total de 300 kg em repouso na posição de altura máxima, a energia mecânica perdida durante a descida inicial é, aproximadamente,

(A) 1200 J.

(B) 2500 J.

(C) 5000 J.

(D) 15000 J.

(E) 20000 J.

Note e adote:
Aceleração da gravidade (g) = 10 m/s^2

70. (Fuvest - 2024) Uma das modalidades de skate é o bowl, disputado em um espaço em formato aproximado de bacia. Supondo um bowl com profundidade de 2,45 m, qual a máxima velocidade que um skatista, partindo do repouso no ponto mais alto da bacia, poderia alcançar no ponto mais baixo?

Figura 1.46: Referente à questão 70

Note e adote:
Aceleração da gravidade (g) = 10 m/s^2

(A) 3 m/s

(B) 5 m/s

(C) 7 m/s

(D) 9 m/s

(E) 11 m/s

71. (Fuvest - 2023) O slam ball é um exercício funcional no qual o praticante eleva uma bola especial acima da cabeça e, após uma breve pausa, a atira no chão, como mostra figura:

Figura 1.47: Referente à questão 71

Considere uma pessoa de 1,70 m que eleva uma bola de 6 kg a uma altura de 40 cm acima da sua cabeça. Em seguida, a pessoa realiza sobre a bola um trabalho adicional de 10 calorias para arremessá-la. Se a colisão da bola com o solo for perfeitamente inelástica, a energia total dissipada na colisão será de

> Note e adote:
>
> Considere 1 cal = 4,2 J e g = 10 m/s^2.

(A) 10 cal.

(B) 20 cal.

(C) 30 cal.

(D) 40 cal.

(E) 50 cal.

72. (Fuvest - 2022) Uma criança deixa cair de uma mesma altura duas maçãs, uma delas duas vezes mais pesada do que

a outra. Ignorando a resistência do ar e desprezando as dimensões das maçãs frente à altura inicial, o que é correto afirmar a respeito das energias cinéticas das duas maçãs na iminência de atingirem o solo?

(A) A maçã mais pesada possui tanta energia cinética quanto a maçã mais leve.

(B) A maçã mais pesada possui o dobro da energia cinética da maçã mais leve.

(C) A maçã mais pesada possui a metade da energia cinética da maçã mais leve.

(D) A maçã mais pesada possui o quádruplo da energia cinética da maçã mais leve.

(E) A maçã mais pesada possui um quarto da energia cinética da maçã mais leve.

73. (Fuvest - 2021) Uma comunidade rural tem um consumo de 2 MWh por mês. Para suprir parte dessa demanda, os moradores tem interesse em instalar uma miniusina hidrelétrica em uma queda d'água de 15 m de altura com vazão de 10 litros por segundo. o restante do consumo seria complementado com painéis de energia solar que produzem 40 MWh de energia por mês cada um.

Considerando que a miniusina hidrelétrica opere 24 h por dia com 100% de eficiência, o número mínimo de painéis solares necessários para suprir a demanda da comunidade seria de:

Note e adote:

Densidade da água: 1Kg/L

1 mês = 30 dias

g = 10 m/s^2

(A) 12

(B) 23

(C) 30

(D) 45

(E) 50

74. (Fuvest - 2020) Um equipamento de bungee jumping está sendo projetado para ser utilizado em um viaduto de 30 m de altura. O elástico utilizado tem comprimento relaxado de 10 m. Qual deve ser o mínimo valor da constante elástica desse elástico para que ele possa ser utilizado com segurança no salto por uma pessoa cuja massa, somada à do equipamento de proteção a ela conectado, seja de 120 kg?

    Note e adote:

    Despreze a massa do elástico, as forças dissipativas e as dimensões da pessoa;

    Aceleração da gravidade = 10 m/s^2.

    (A) 30 N/m

    (B) 80 N/m

    (C) 90 N/m

    (D) 160 N/m

    (E) 180 N/m

75. (PUC - RJ - 2025) Na Figura, são representadas três forças, F_1, F_2 e F_3, de módulos iguais a 100 N cada e os ângulos entre elas. Essas três forças são aplicadas a um corpo que só pode se mover na direção x.

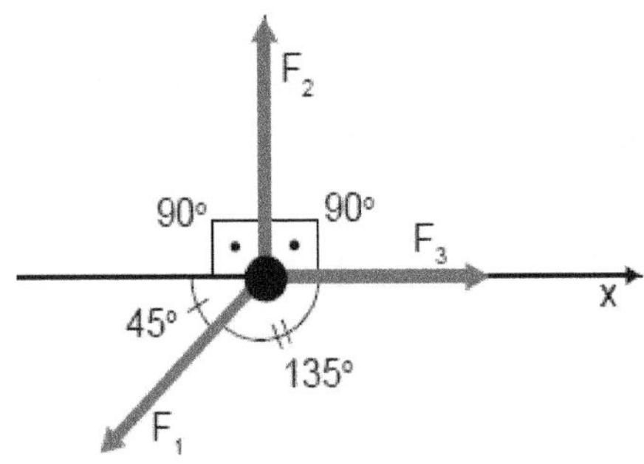

Figura 1.48: Referente à questão 75

Quando o corpo se move por uma distância de 10 m no sentido positivo da direção x, o trabalho total, em joules, realizado por essas três forças é

(A) 1293

(B) 1000

(C) 293

(D) 0

(E) -707

76. (PUC - RJ - 2025) Dois pêndulos idênticos, formados por massas pontuais M = 1,0 kg e cordas ideais de comprimento L = 3,6 m, estão inicialmente em repouso na vertical. Uma pequena carga explosiva entre as massas pontuais impulsiona os pêndulos em direções opostas. As massas pontuais atingem uma altura máxima e, nesse instante, os pêndulos formam um ângulo $\theta = 60°$ com a vertical, como mostrado na Figura.

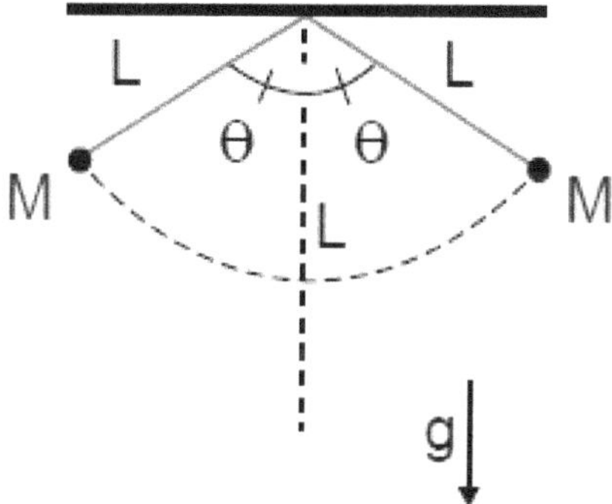

Figura 1.49: Referente à questão 76

Desprezando-se atritos, o módulo das velocidades, em m/s, dessas massas, imediatamente após a explosão, é

Dados: $g = 10\ m/s^2$; $\text{sen}\, 60° = 0,87$; $\cos 60° = 0,50$.

(A) 0,6

(B) 1,8

(C) 3,6

(D) 4,0

(E) 6,0

77. (PUC - RJ - 2025) Um corpo desliza, sem atrito e sem resistência do ar, sobre um trilho, conforme mostra a Figura a seguir.

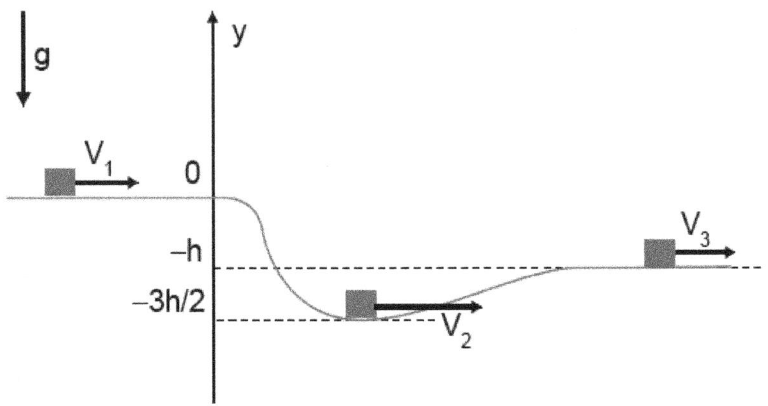

Figura 1.50: Referente à questão 77

Sabendo que $V_1 = \sqrt{gh}$, calcule a razão $\dfrac{V_2}{V_3}$.

(A) $\dfrac{\sqrt{3}}{2}$

(B) $\dfrac{2}{3}$

(C) 1

(D) $\dfrac{3}{2}$

(E) $\dfrac{2}{\sqrt{3}}$

78. (PUC - RJ - 2024) Uma partícula de massa 4,0 kg é acelerada por uma única força constante. Ao se deslocar, em linha reta, por 12 m na direção x e 5 m na direção y, sua energia cinética aumenta em 130 J.

O módulo da força que acelerou a partícula, em newtons, é

(A) 4,0

(B) 5,0

(C) 10

(D) 22

(E) 33

79. (PUC - RJ - 2024) O motor para um elevador com massa de 2.000 kg gera uma tensão no cabo que move esse elevador para cima com velocidade constante V = 1,00 m/s.

    Não se levando em consideração os atritos, qual é, em watts, a potência gerada pelo motor?

    Dado

    g = 10 m/s^2

    (A) 0

    (B) 2000

    (C) 5000

    (D) 10000

    (E) 20000

80. (PUC - RJ - 2024) Uma partícula é lançada ao longo da horizontal na direção de um loop com uma velocidade inicial V_0, como mostrado na Figura. Devido ao atrito com a pista, ao chegar no topo da trajetória, metade da energia mecânica foi dissipada na forma de calor.

    Sabendo-se que a partícula tem exatamente a energia necessária para não descolar do loop no ponto mais alto, a velocidade V_0 é dada por

    (A) $10gR$

    (B) $\sqrt{10gR}$

    (C) $\sqrt{5gR}$

    (D) $2R/g$

    (E) $2g/R$

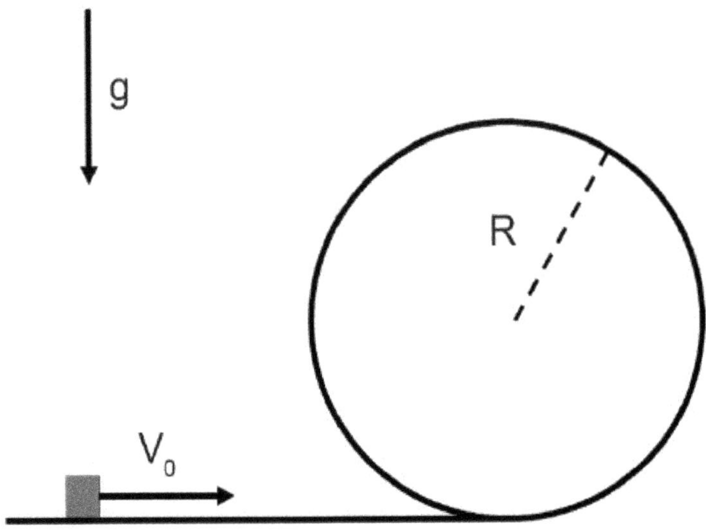

Figura 1.51: Referente à questão 80

81. (PUC - RJ - 2024) Uma partícula é submetida a apenas duas forças constantes: uma na direção x, de componente +30N, e uma na direção y de componente -50 N. Sob ação apenas dessas forças, o deslocamento, em metros, da partícula no plano x-y, em um certo intervalo de tempo, é (X; 5,0). Se o trabalho total sobre a partícula nesse deslocamento é de 20 J, o valor de X, em metros, é de (A) 9,0

    (B) 7,5

    (C) 5,0

    (D) -7,5

    (E) -9,0

Gabarito	
61	A
62	D
63	A
64	B
65	A
66	B
67	C
68	B
69	D
70	C
71	D
72	B
73	B
74	E
75	C
76	E
77	E
78	C
79	E
80	B
81	A

1.10 Quant. de Movimento

82. (UERJ - 1EQ - 2025) A cada batimento, o coração humano bombeia cerca de 85 g de sangue. Admita que a velocidade de saída do sangue bombeado pelo coração seja de 0,4 m/s.

    A quantidade de movimento do sangue, em kg.m/s, produzida pelo coração em um batimento, corresponde aproximadamente a:

    (A) 0,064

    (B) 0,048

    (C) 0,034

    (D) 0,018

83. (UERJ - Exame Único - 2022) As chamadas estrelas cadentes nada mais são que meteoros. Esses pedaços de rocha são atraídos pelo campo gravitacional da Terra e incandescem no atrito com a atmosfera. Admita que um meteoro, ao penetrar na atmosfera terrestre, tenha, em determinado instante, massa de 10 kg e velocidade de 252000 km/h. Nessas condições, a quantidade de movimento do meteoro, em kg.m/s, é igual a:

    (A) 560000

    (B) 680000

    (C) 700000

    (D) 820000

84. (UERJ - 2EQ - 2020) O gráfico abaixo indica a variação da aceleração a de um corpo, inicialmente em repouso, e da força F que atua sobre ele.

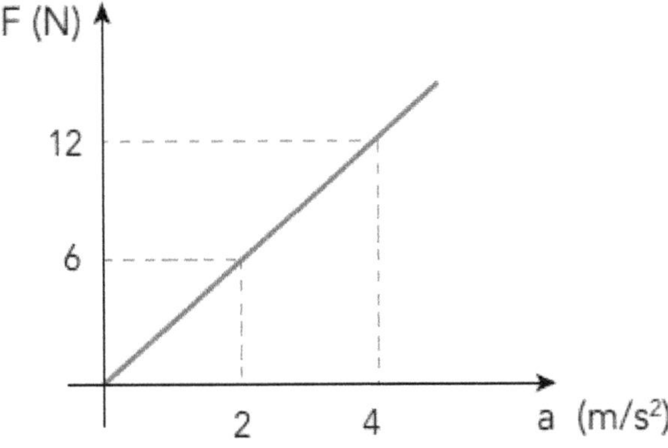

Figura 1.52: Referente à questão 84

Quando a velocidade do corpo é de 10 m/s, sua quantidade de movimento, em kg × m/s,

corresponde a:

(A) 50

(B) 30

(C) 25

(D) 15

85. (UERJ - 1EQ - 2020) Observe no gráfico a variação, em newtons, da intensidade da força F aplicada pelos motores de um veículo em seus primeiros 9 s de deslocamento.

Nesse contexto, a intensidade do impulso da força, em N.s, equivale a:

(A) $1,8 \times 10^4$

(B) $2,7 \times 10^4$

(C) $3,6 \times 10^4$

(D) $4,5 \times 10^4$

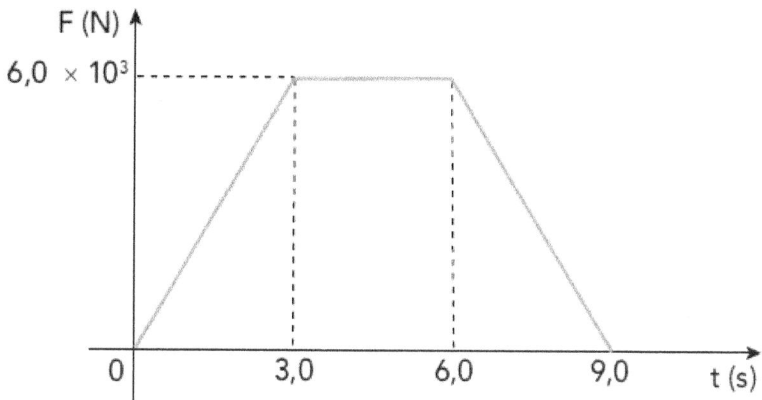

Figura 1.53: Referente à questão 85

86. (UERJ - 1EQ - 2019) Em uma mesa de sinuca, as bolas A e B, ambas com massa igual a 140 g, deslocam-se com velocidades V_A e V_B, na mesma direção e sentido. O gráfico abaixo representa essas velocidades ao longo do tempo.

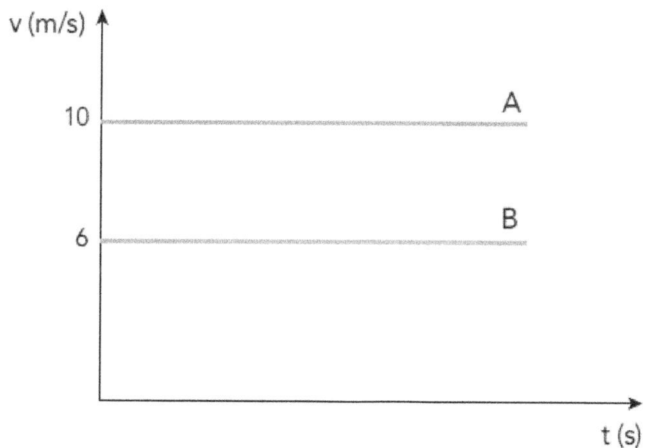

Figura 1.54: Referente à questão 86

Após uma colisão entre as bolas, a quantidade de movimento total, em kg.m/s, é igual a:

(A) 0,56

(B) 0,84

(C) 1,60

(D) 2,24

87. (Enem - 2024) Nos automóveis, é importante garantir que o centro de massa (CM) de cada conjunto roda/pneu coincida com o seu centro geométrico. Esse processo é realizado em uma máquina de balanceamento, na qual o conjunto roda e pneu é colocado para girar a uma velocidade de valor constante. Com base nas oscilações medidas, a máquina indica a posição do centro de massa do conjunto, e pequenas peças de chumbo são fixadas em lugares específicos da roda até que as vibrações diminuam. Durante o treinamento de sua equipe, a fim de corrigir a posição do centro de massa indicada pela máquina, um mecânico apresenta o esquema a seguir, com cinco possíveis pontos da roda para posicionar uma peça de chumbo.

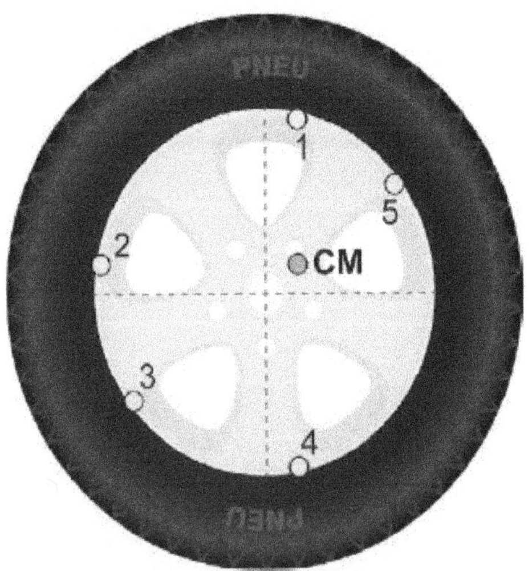

Figura 1.55: Referente à questão 87

Em qual ponto deve ser fixada a peça de chumbo para corrigi r a posição do centro de massa desse conjunto roda/pneu?

(A) 1

(B) 2

(C) 3

(D) 4

(E) 5

88. (Enem - 2024) Muitas pessoas ainda se espantam com o fato de um passageiro sair ileso de um acidente de carro enquanto o veículo onde estava teve perda total. Essas pessoas talvez considerem, equivocadamente, que os carros mais seguros são os que têm as estruturas mais rígidas, ou seja, estruturas, que durante uma colisão, apresentam menor deformação. Na verdade, o que ocorre é o contrário. Por isso, a partir de 1958, passaram a ser produzidos carros com partes que se deformam facilmente.

    DAY, C. Crumple Zones. Disponível em: https://pubs.aip.org. Acesso em: 2 jul. 2024 (adaptado).

    Assim, além dos cintos de segurança e dos airbags, os carros modernos passaram a contar com o dispositivo de segurança conhecido como crumple zone (região deformável, em inglês), conforme a figura.

Momentum and Car safety. GCSE Physics Revision.
Disponível em: www.shalom-education.com.
Acesso em: 5 jul. 2024 (adaptado).

Figura 1.56: Referente à questão 88

Considerando o carro, seus ocupantes e o muro da figura como um sistema isolado, o crumple zone aumenta a segurança dos passageiros porque, durante uma colisão, a deformação da estrutura do carro

(A) aciona os airbags do veículo.

(B) absorve a energia cinética do sistema.

(C) consome a quantidade de movimento do sistema.

(D) cria uma barreira de proteção para seus ocupantes.

(E) diminui a velocidade do centro de massa do sistema.

89. (Enem - 2022) Em um autódromo, os carros podem derrapar em uma curva e bater na parede de proteção. Para diminuir o impacto de uma batida, pode-se colocar na parede uma barreira de pneus, isso faz com que a colisão seja mais demorada e o carro retorne com velocidade reduzida. Outra opção é colocar uma barreira de blocos de um material que se deforma, tornando-a tão demorada quanto a colisão com os pneus, mas que não permite a volta do carro após a colisão.

Comparando as duas situações, como ficam a força média exercida sobre o carro e a energia mecânica dissipada?

(A) A força é maior na colisão com a barreira de pneus, e a energia dissipada é maior na colisão com a barreira de blocos.

(B) A força é maior na colisão com a barreira de blocos, e a energia dissipada é maior na colisão com a barreira de pneus.

(C) A força é maior na colisão com a barreira de blocos, e a energia dissipada é a mesma nas duas situações.

(D) A força é maior na colisão com a barreira de pneus, e a energia dissipada é maior na colisão com a barreira de pneus.

(E) A força é maior na colisão com a barreira de blocos, e a energia dissipada é maior na colisão com a barreira de blocos.

90. (Enem - 2019) Em qualquer obra de construção civil é fundamental a utilização de equipamentos de proteção individual, tal como capacetes. Por exemplo, a queda livre de um tijolo de massa 2,5 kg de uma altura de 5 m, cujo impacto contra um capacete pode durar até 0,5 s, resulta em uma força impulsiva média maior do que o peso do tijolo. Suponha que a aceleração gravitacional seja 10 $m \cdot s^{-2}$ e que o efeito de resistência do ar seja desprezível.

    A força impulsiva média gerada por esse impacto equivale ao peso de quantos tijolos iguais?

    (A) 2

    (B) 5

    (C) 10

    (D) 20

    (E) 50

91. (Fuvest - 2025) No dia 26 de março de 2024, à 1h29min, aproximadamente, o navio cargueiro MV Dali colidiu com a ponte Francis Scott Key em Baltimore, EUA. O impacto causou o colapso da ponte, tornando-se um dos maiores acidentes marítimos da história norte-americana. A figura a seguir mostra os dados da velocidade do navio em função da hora local. A colisão ocorreu no intervalo de 38 segundos, marcado por linhas pontilhadas no gráfico.

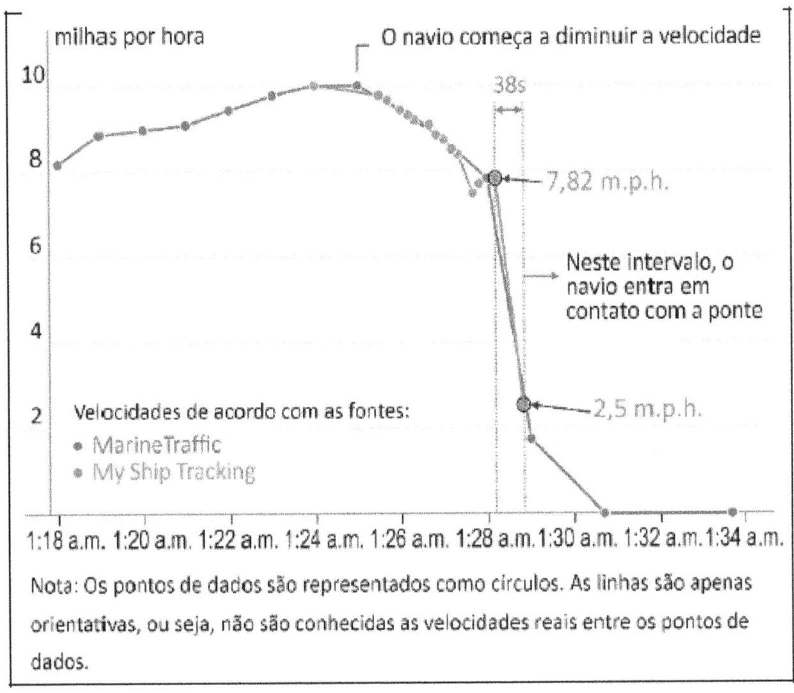

Figura 1.57: Referente à questão 91

Assumindo que a massa do navio no momento do impacto seja de 100 mil toneladas e, tendo por base os dados do gráfico, a magnitude da força média atuando sobre o navio durante a colisão é de, aproximadamente,

(A) $7 \cdot 10^{-2}$ N.

(B) $7 \cdot 10^0$ N.

(C) $7 \cdot 10^2$ N.

(D) $7 \cdot 10^4$ N.

(E) $7 \cdot 10^6$ N.

> Note e adote:
>
> Considere que a força atuando sobre o navio durante a colisão seja constante e igual à força média.
>
> Utilize 1 m.p.h. = 0,5 m/s.

92. (Fuvest - 2023) Um tradicional brinquedo infantil, conhecido como bate-bate, é composto por duas esferas (bolinhas) de massas iguais conectadas cada qual por uma corda e amarradas num ponto comum. Desloca-se a bolinha 1 de uma altura h, conforme ilustrado no arranjo:

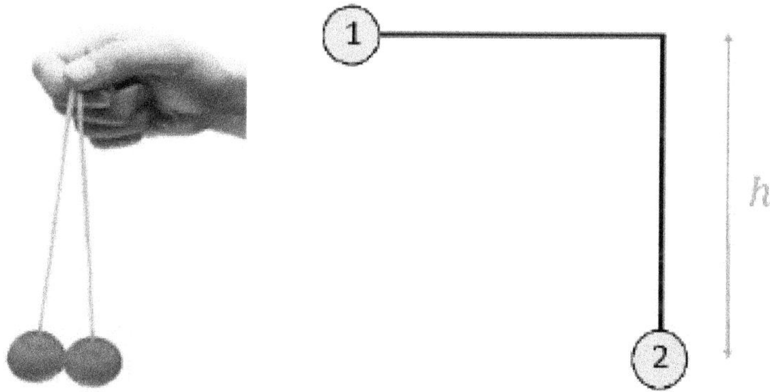

Figura 1.58: Referente à questão 92

Ao soltar a esfera 1, ela colidirá com a bolinha 2, inicialmente em repouso. Supondo que a colisão seja perfeitamente elástica, verifica-se que, após a colisão, a esfera 2 subirá para a mesma altura h. Imagine agora que uma pequena goma colante seja colocada numa das esferas de modo que, após a colisão, ambas permaneçam unidas. Neste caso, após a colisão, a altura alcançada pelo sistema formado pelas duas bolinhas unidas será:

Note e adote: Desconsiderar a massa da goma.

(A) h/8

(B) h/4

(C) h/3

(D) h/2

(E) h

93. (Fuvest - 2022) Uma bola de bilhar vermelha está inicialmente em repouso a 40 cm de duas das bordas (lateral e superior da figura) de uma mesa de bilhar, como mostra a figura. Uma bola branca de mesma massa e tamanho é lançada em direção à vermelha com velocidade $\vec{v}_0$ paralela à borda lateral.

As duas bolas colidem e, algum tempo depois, a bola vermelha está prestes a cair na caçapa posicionada na junção das duas bordas. No mesmo instante, a bola branca toca a borda superior da mesa a uma distância d da bola vermelha, conforme figura.

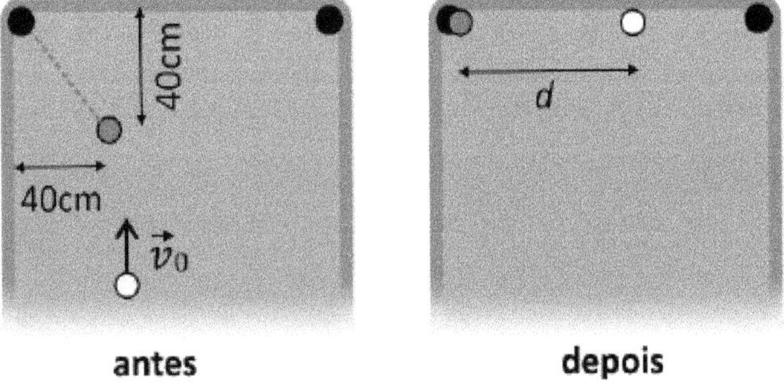

Figura 1.59: Referente à questão 93

O valor de d é aproximadamente:

Note e adote:

Despreze efeitos dissipativos (como deslizamentos com atrito) e considere a colisão entre as bolas como sendo perfeitamente elástica.

Considere que o diâmetro das bolas seja muito menor que as distâncias mencionadas e que não ocorram outras colisões intermediárias.

(A) 20 cm

(B) 40 cm

(C) 60 cm

(D) 80 cm

(E) 100 cm

94. (PUC - RJ - 2025) Três partículas, de massas $m_1 = M$, $m_2 = 2M$ e $m_3 = 3M$, movem-se em uma única direção horizontal, sem atrito, e com velocidades iniciais respectivas $v_1 = 8V$, $v_2 = -V$ e v_3.

    Elas colidem entre si e, após cada colisão, grudam completamente uma na outra. Ao final de todas as colisões, o sistema das três partículas está em repouso.

    Calcule a razão v_3/V.

    (A) -3

    (B) -2

    (C) 0

    (D) 2

    (E) 3

95. (PUC - RJ - 2024) Três partículas, que se movem sem atrito ao longo do eixo x horizontal, colidem entre si em sequência, de modo que, ao fim de cada colisão, as partículas grudam umas nas outras. As massas das partículas 1, 2 e 3 são, respectivamente: m_1 = 0,50 kg; m_2 = 0,50 kg; m_3 = 2,00 kg. As velocidades iniciais respectivas de tais partículas são: v_1 = 2,00 m/s; v_2 = 2,00 m/s; v_3 = 1,50 m/s. As colisões acontecem na seguinte ordem: primeiro 2 colide com 3; depois 1

colide com o conjunto $(2, 3)$. A velocidade final, em m/s, do sistema grudado $(1, 2, 3)$ será

(A) 0,50

(B) 1,00

(C) 1,67

(D) 1,83

(E) 2,00

Gabarito	
82	C
83	C
84	B
85	C
86	D
87	C
88	B
89	A
90	A
91	E
92	B
93	D
94	B
95	C

.

1.11 Estática

96. (UERJ - Exame Único - 2022) Para uma apresentação artística, é utilizada uma estrutura mecânica formada por uma barra homogênea, que pode girar em torno de um suporte fixo ao solo, em um movimento similar ao de uma gangorra. Na barra, estão fixadas duas plataformas de massas desprezíveis: sobre a da esquerda, há uma artista que aplica uma força de 600 N sobre a barra; sobre a da direita, há três artistas, e cada um aplica uma força de 800 N sobre a barra. Observe abaixo a representação desse sistema:

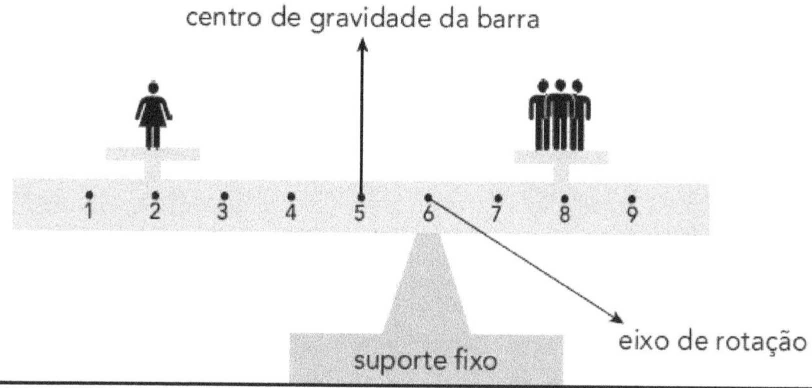

Figura 1.60: Referente à questão 96

Admita que os pontos numerados na barra são igualmente espaçados e que o sistema se encontra em equilíbrio na horizontal. Com base nessas informações, o peso da barra, em newtons, é igual a:

(A) 3000

(B) 2400

(C) 1800

(D) 1200

97. (UERJ - 1EQ - 2020) Um portão fixado a uma coluna está articulado nos pontos P_1 e P_2, conforme ilustra a imagem

a seguir, que indica também três outros pontos: O, A e B. Sabe-se que $\overline{OB} = 2{,}4$ m e $\overline{OA} = 0{,}8$ m.

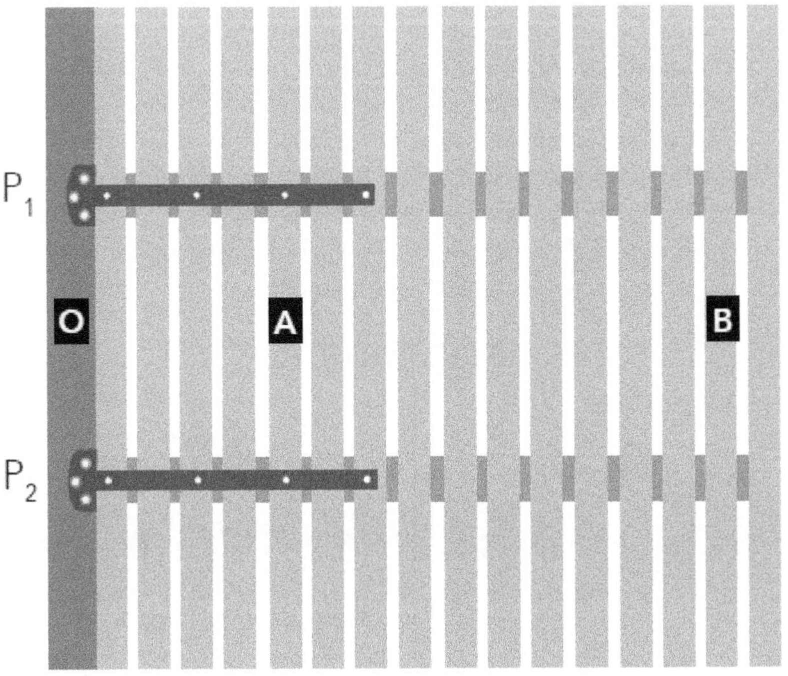

Figura 1.61: Referente à questão 97

Para abrir o portão, uma pessoa exerce uma força perpendicular de 20 N no ponto B, produzindo um momento resultante M_B. O menor valor da força que deve ser aplicada no ponto A para que o momento resultante seja igual a M_B, em newtons, corresponde a:

(A) 15

(B) 30

(C) 45

(D) 60

98. (Enem - 2022) Tribologia é o estudo da interação entre duas superfícies em contato, como desgaste e atrito, sendo de extrema importância na avaliação de diferentes produtos e de

bens de consumo em geral. Para testar a conformidade de uma muleta, realiza-se um ensaio tribológico, pressionando-a verticalmente contra o piso com uma força $\vec{F}$, conforme ilustra a imagem, em que CM representa o centro de massa da muleta.

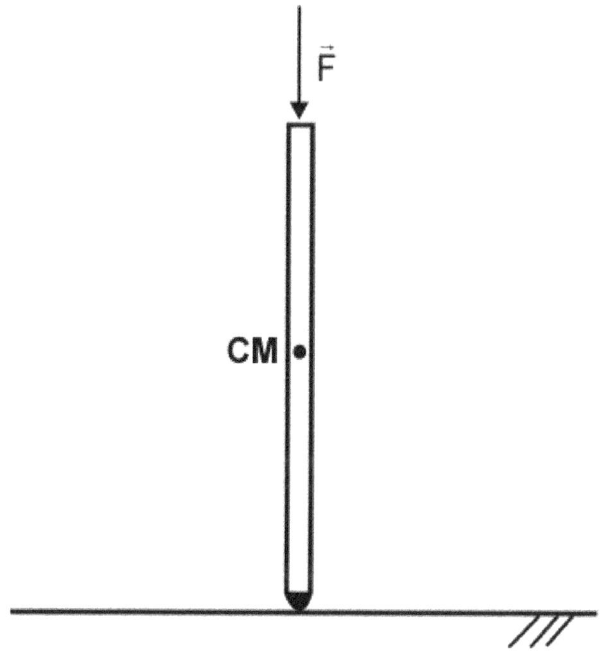

Figura 1.62: Referente à questão 98

Mantendo-se a força $\vec{F}$ paralela à muleta, varia-se lentamente o ângulo entre a muleta e a vertical, até o máximo ângulo imediatamente anterior ao de escorregamento, denominado ângulo crítico. Esse ângulo também pode ser calculado a partir da identificação dos pontos de aplicação, da direção e do sentido das forças peso $\vec{P}$, normal $\vec{N}$ e de atrito estático $\vec{f_e}$.

O esquema que representa corretamente todas as forças que atuam sobre a muleta quando ela atinge o ângulo crítico é:

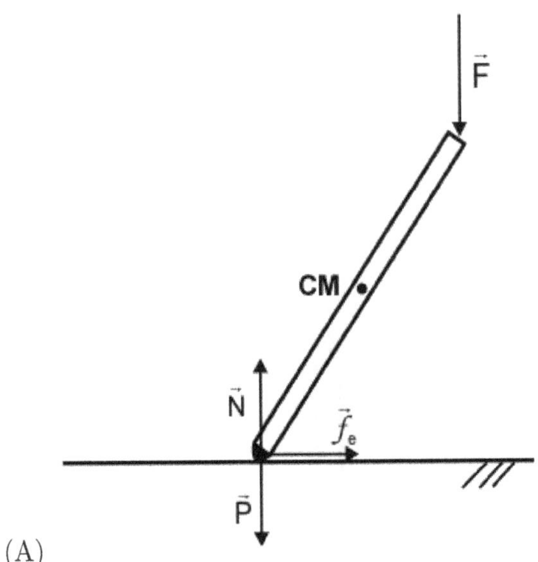

(A)

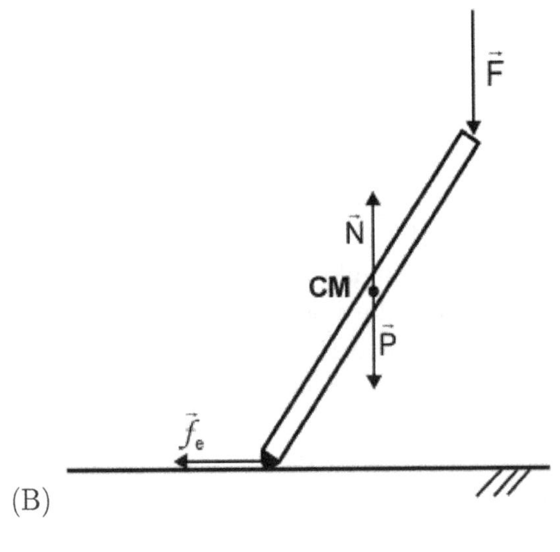

(B)

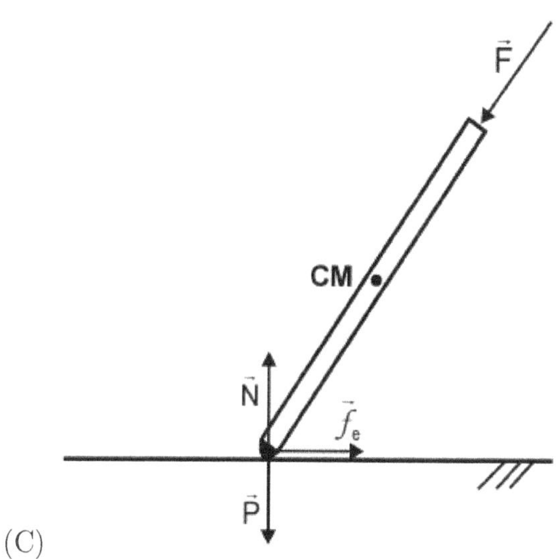

(C)

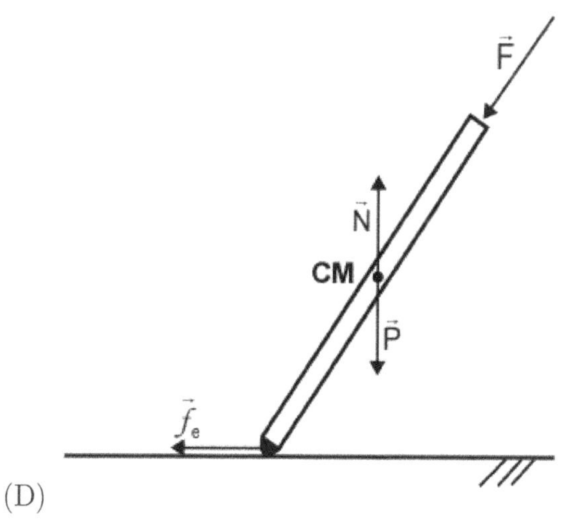

(D)

(E) 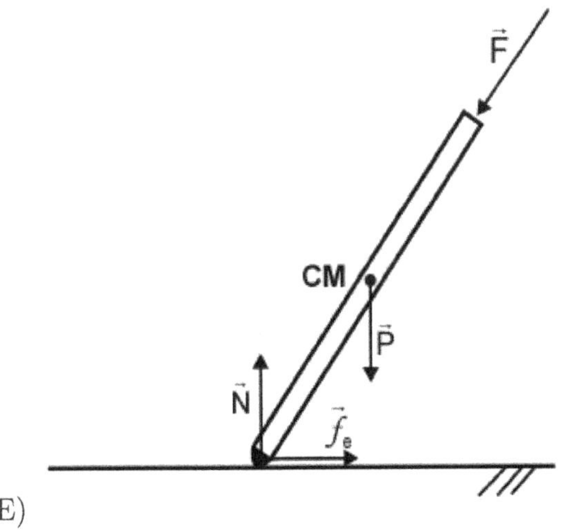

99. (Enem - 2019) Slackline é um esporte no qual o atleta deve se equilibrar e executar manobras estando sobre uma fita esticada. Para a prática do esporte, as duas extremidades da fita são fixadas de forma que ela fique a alguns centímetros do solo. Quando uma atleta de massa igual a 80 kg está exatamente no meio da fita, essa se desloca verticalmente, formando um ângulo de 10° com a horizontal, como esquematizado na figura. Sabe-se que a aceleração da gravidade é igual a 10 $m\ s^{-2}$, $\cos(10°) = 0{,}98$ e $\text{sen}(10°) = 0{,}17$.

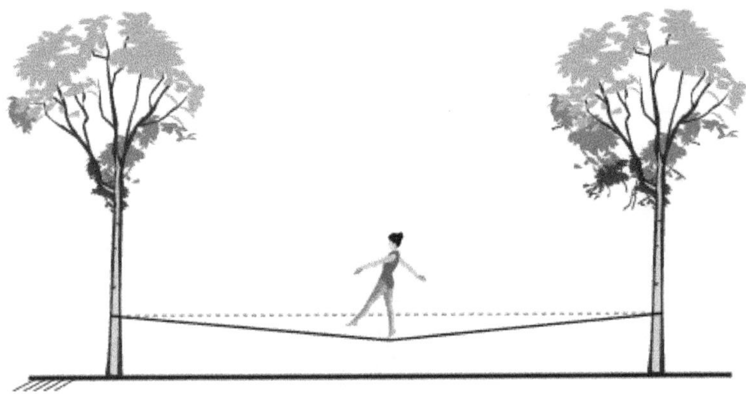

Figura 1.63: Referente à questão 99

Qual é a força que a fita exerce em cada uma das árvores

por causa da presença da atleta?

(A) $4,0 \times 10^2$

(B) $4,1 \times 10^2$

(C) $8,0 \times 10^2$

(D) $2,4 \times 10^3$

(E) $4,7 \times 10^3$

100. (Fuvest - 2021) Um vídeo bastante popular na internet mostra um curioso experimento em que uma garrafa de água pendurada por uma corda é mantida suspensa por um palito de dente apoiado em uma mesa.

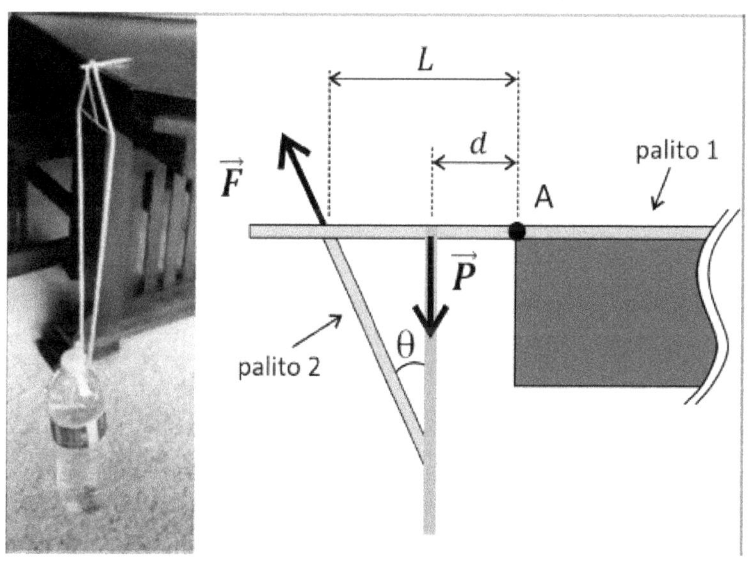

Figura 1.64: Referente à questão 100

O "truque" só é possível pelo uso de outros palitos, formando um tipo de treliça. A figura à direita da foto mostra uma visão lateral do conjunto, destacando duas das forças que atuam sobre o palito 1.

Nesta figura, $\vec{F}$ é a força que o palito 2 exerce sobre o palito 1 (aplicada a uma distância L do ponto A da borda da mesa), $\vec{P}$ é a componente vertical da força que a corda exerce sobre o palito 1 (aplicada a uma distância d do ponto A) e θ é o ângulo entre a direção da força $\vec{F}$ e a vertical. Para que o conjunto se mantenha estático, porém na iminência de rotacionar, a relação entre os módulos de $\vec{F}$ e $\vec{P}$ deve ser:

Note e adote:

Despreze os pesos dos palitos em relação aos módulo de $\vec{F}$ e $\vec{P}$.

(A) $|\vec{F}| = \dfrac{|\vec{P}|d}{L\cos(\theta)}$

(B) $|\vec{F}| = \dfrac{|\vec{P}|d}{L\,\text{sen}(\theta)}$

(C) $|\vec{F}| = |\vec{P}|\cos(\theta)$

(D) $|\vec{F}| = \dfrac{|\vec{P}|L\cos(\theta)}{d}$

(E) $|\vec{F}| = \dfrac{|\vec{P}|L\,\text{sen}(\theta)}{d}$

101. (PUC - RJ - 2025) Um móbile é suspenso no teto por um fio ideal. Esse móbile é feito de uma fina haste (massa desprezível) e tem três pesinhos pendurados por fios ideais, dispostos como mostrado na Figura a seguir.

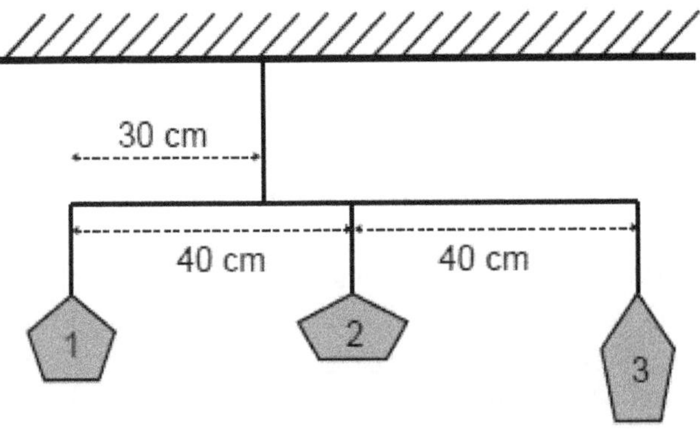

Figura 1.65: Referente à questão 101

Sabendo-se que as massas dos pesinhos 1 e 2 são ambas iguais a 100g, qual deve ser a massa do pesinho 3, em gramas, para que o sistema fique em equilíbrio, mantendo a haste na posição horizontal?

Dado: g = 10 m/s^2

(A) 20

(B) 40

(C) 50

(D) 80

(E) 100

102. (PUC - RJ - 2025) Carlos (C), de massa m_C = 80 kg, decide brincar de gangorra com suas filhas Alice (A), de massa m_A = 30 kg, e Beatriz (B), de massa m_B = 25 kg. Alice (A) e Beatriz (B) se sentam, respectivamente, a d_A = 1,2 m e d_B = 0,8 m, à direita do ponto de apoio da gangorra, como mostrado na Figura.

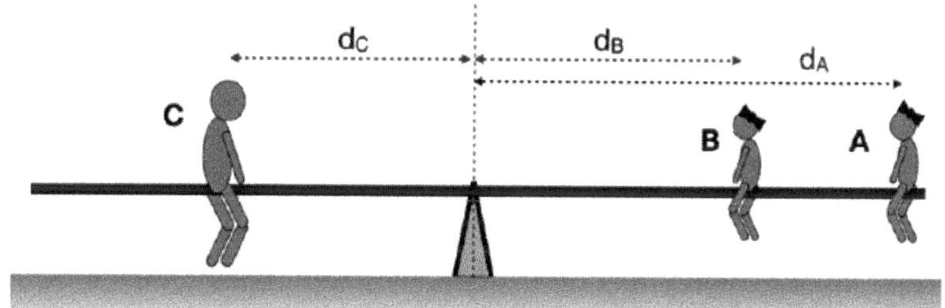

Figura 1.66: Referente à questão 102

Sabe-se que o ponto de apoio da gangorra está centralizado e que a tábua possui distribuição de massa uniforme.

Em que posição d_C, em metros, Carlos deve sentar-se para que a gangorra fique equilibrada na horizontal, sem apoio dos pés?

(A) 0,4

(B) 0,5

(C) 0,6

(D) 0,7

(E) 0,8

Gabarito	
96	B
97	D
98	E
99	D
100	A
101	B
102	D

.

1.12 Hidrostática

103. (UERJ - 1EQ - 2025) Um dos animais de maior massa já identificado no planeta Terra é a baleia azul. Admita que uma baleia dessa espécie tenha massa de 90 toneladas e volume de 86,5 m^3.

A densidade dessa baleia, em g/cm^3, é aproximadamente de:

(A) 1,36

(B) 1,04

(C) 0,95

(D) 0,88

104. (UERJ - 2EQ - 2020) “Isso é apenas a ponta do iceberg” é uma metáfora utilizada em contextos onde há mais informação sobre um determinado fato do que se pode perceber de imediato. Essa analogia é possível pois 90% de cada um desses blocos de gelo estão submersos, ou seja, não estão visíveis. Essa característica está associada à seguinte propriedade física do iceberg:

(A) inércia

(B) dureza

(C) densidade

(D) temperatura

105. (Enem - 2020) As moedas despertam o interesse de colecionadores, numismatas e investidores há bastante tempo. Uma moeda de 100% cobre, circulante no período do Brasil Colônia, pode ser bastante valiosa. O elevado valor gera a necessidade de realização de testes que validem a procedência da moeda, bem como a veracidade de sua composição. Sabendo que a densidade do cobre metálico é próxima de 9 $g\ cm^{-3}$, um investidor negocia a aquisição de um lote de quatro moedas A, B, C e D fabricadas supostamente de 100% cobre e massas 26 g, 27 g, 10 g e 36 g, respectivamente. Com o objetivo de testar a densidade das moedas, foi realizado um procedimento em que elas foram sequencialmente

inseridas em uma proveta contendo 5 mL de água, conforme esquematizado.

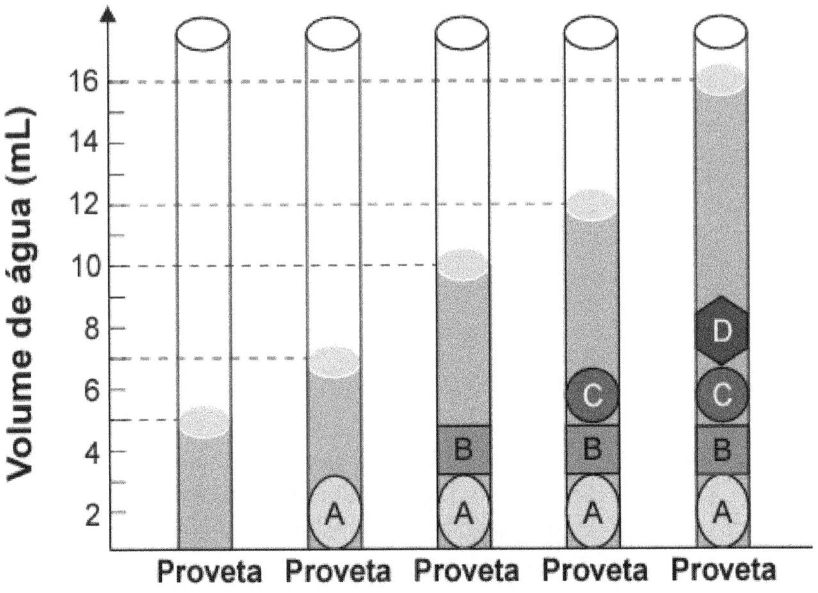

Figura 1.67: Referente à questão 105

Com base nos dados obtidos, o investidor adquiriu as moedas

(A) A e B

(B) A e C.

(C) B e C.

(D) B e D.

(E) C e D.

106. (Enem - 2020) Um mergulhador fica preso ao explorar uma caverna no oceano. Dentro da caverna formou-se um bolsão de ar, como mostrado na figura, onde o mergulhador se abrigou.

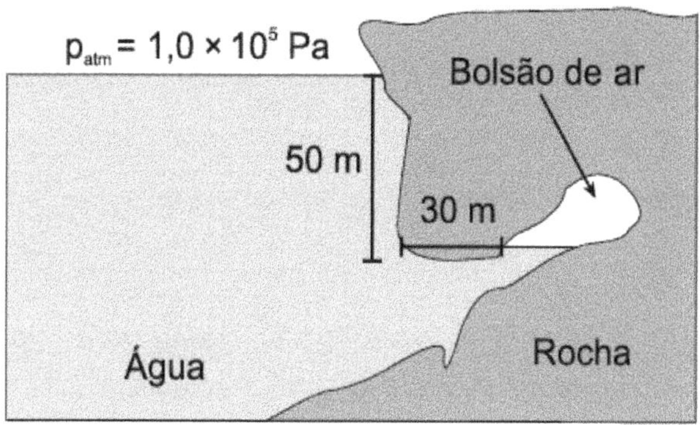

Figura 1.68: Referente à questão 106

Durante o resgate, para evitar danos a seu organismo, foi necessário que o mergulhador passasse por um processo de descompressão antes de retornar à superfície para que seu corpo fi casse novamente sob pressão atmosférica. O gráfi co mostra a relação entre os tempos de descompressão recomendados para indivíduos nessa situação e a variação de pressão.

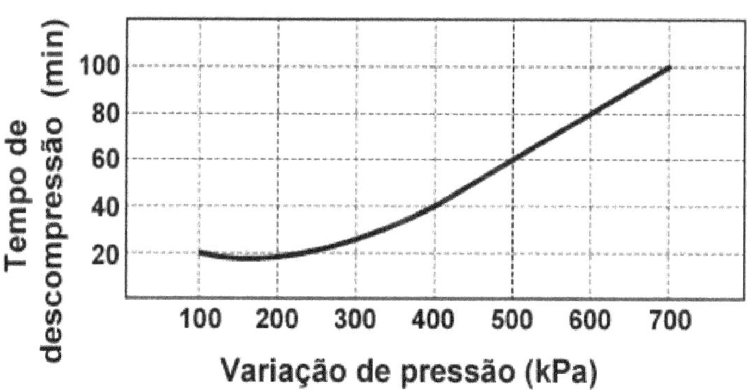

Figura 1.69: Referente à questão 106

Considere que a aceleração da gravidade seja igual a 10 $m\ s^{-2}$ e que a densidade da água seja de $\rho = 1\ 000\ kg\ m^{-3}$.

Em minutos, qual é o tempo de descompressão a que o mergulhador deverá ser submetido?

(A) 100

(B) 80

(C) 60

(D) 40

(E) 20

107. (Enem - 2020) A Torre Eiffel, com seus 324 metros de altura, feita com treliças de ferro, pesava 7 300 toneladas quando terminou de ser construída em 1889. Um arquiteto resolve construir um protótipo dessa torre em escala 1:100, usando os mesmos materiais (cada dimensão linear em escala de 1:100 do monumento real).

Considere que a torre real tenha uma massa M_{torre} e exerça na fundação sobre a qual foi erguida uma pressão P_{torre} . O modelo construído pelo arquiteto terá uma massa M_{modelo} e exercerá uma pressão P_{modelo}.

Figura 1.70: Referente à questão 107

Como a pressão exercida pela torre se compara com a pressão

exercida pelo protótipo? Ou seja, qual é a razão entre as pressões $(P_{torre})/(P_{modelo})$?

(A) 10^0

(B) 10^1

(C) 10^2

(D) 10^4

(E) 10^6

108. (Enem - 2019) Dois amigos se encontram em um posto de gasolina para calibrar os pneus de suas bicicletas. Uma das bicicletas é de corrida (bicicleta A) e a outra, de passeio (bicicleta B). Os pneus de ambas as bicicletas têm as mesmas características, exceto que a largura dos pneus de A é menor que a largura dos pneus de B. Ao calibrarem os pneus das bicicletas A e B, respectivamente com pressões de calibração p_A e p_B, os amigos observam que o pneu da bicicleta A deforma, sob mesmos esforços, muito menos que o pneu da bicicleta B. Pode-se considerar que as massas de ar comprimido no pneu da bicicleta A, m_A, e no pneu da bicicleta B, m_B, são diretamente proporcionais aos seus volumes.

Comparando as pressões e massas de ar comprimido nos pneus das bicicletas, temos:

(A) $p_A < p_B$ e $m_A < m_B$

(B) $p_A > p_B$ e $m_A < m_B$

(C) $p_A > p_B$ e $m_A = m_B$

(D) $p_A < p_B$ e $m_A = m_B$

(E) $p_A > p_B$ e $m_A > m_B$

109. (Fuvest - 2024) Uma empresa júnior de alunos de engenharia projetou um termômetro mecânico para medir a temperatura do óleo utilizado em máquinas e equipamentos, com base na variação da densidade do óleo com a temperatura. Com essa finalidade, emprega-se um objeto de massa M igual a 18 g e volume de 20 cm^3, que permanece imerso em um óleo e está preso, por um fio, ao fundo da superfície, conforme mostra a figura.

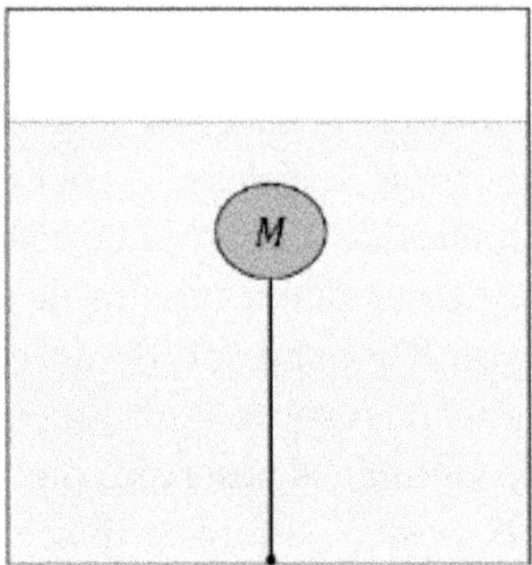

Figura 1.71: Referente à questão 109

A temperatura é medida por meio da variação na tensão do fio, que muda devido à variação da densidade do óleo com a temperatura. O gráfico a seguir mostra a dependência da densidade do óleo com a temperatura.

Nessa configuração, a temperatura na qual a tensão na corda se anula é igual a

Note e adote: Despreze a massa do fio.

(A) 0°C

(B) 75°C

(C) 100°C

(D) 150°C

(E) 275°C

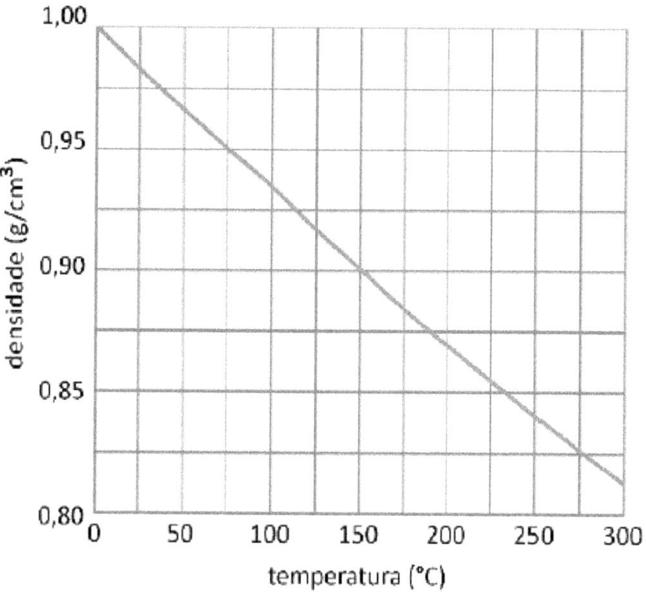

Figura 1.72: Referente à questão 109

110. (PUC - RJ - 2025) Uma esfera metálica oca flutua com metade de seu volume fora d'água.

Nesse contexto, a fração vazia de volume da esfera é

> Dado:
>
> g = 10 m/s^2;
>
> $d_{metal} = 4{,}0\ g/cm^3$; $d_{agua} = 1{,}0\ g/cm^3$

(A) 7/8

(B) 1/2

(C) 3/8

(D) 1/8

(E) 0

111. (PUC - RJ - 2024) O Mar Morto, situado no Oriente Médio, é um lago com alta salinidade, o que faz sua água ter uma densidade consideravelmente diferente daquela da água pura. Para determinar a densidade de sua água, colocou-se uma balança no fundo do Mar Morto e pesou-se um bloco de aço de 3,0 kg, estando totalmente submerso. Nessas condições, a leitura da balança foi 2,504 kg.

    Qual é a densidade da água do Mar Morto, em g/cm^3?

    Dado

    g = 10 m/s^2

    Densidade do aço = 7,5 g/cm^3

    (A) 0,76

    (B) 1,24

    (C) 1,50

    (D) 2,38

    (E) 3,00

112. (PUC - RJ - 2024) Uma caixa cúbica de aresta 4,0 cm e massa 12,8 g está flutuando em um líquido, e 25% do seu volume encontra- -se submerso. Qual é a densidade do líquido, em g/cm^3?

    Dado

    $g = 10\ m/s^2$

    (A) 0,80

    (B) 0,96

    (C) 1,28

    (D) 1,60

    (E) 2,00

113. (PUC - RJ - 2024) Em maio de 2023, um trágico acidente causou a implosão do submarino Titan, que pretendia levar cinco pessoas a uma profundidade de 3,8 km, onde se encontra submergido o Titanic.

Considerando-se uma margem de segurança de ao menos 20%, qual é a pressão mínima, em atm, que o casco de um submarino deve suportar para poder chegar a essa profundidade?

Dado

$g = 10\ m/s^2$

Densidade da água $= 1,0 \times 10^3\ kg/m^3$

Pressão atmosférica 1 atm $= 1,0 \times 10^5\ Pa$

(A) 4,56

(B) 30,4

(C) 45,6

(D) 304

(E) 456

Gabarito	
103	B
104	C
105	D
106	C
107	C
108	B
109	D
110	A
111	B
112	A
113	E

1.13 Gravitação

114. (Enem - 2022) Um Buraco Negro é um corpo celeste que possui uma grande quantidade de matéria concentrada em uma pequena região do espaço, de modo que sua força gravitacional é tão grande que qualquer partícula fica aprisionada em sua superfície, inclusive a luz. O raio dessa região caracteriza uma superfície-limite, chamada de horizonte de eventos, da qual nada consegue escapar. Considere que o Sol foi instantaneamente substituído por um Buraco Negro com a mesma massa solar, de modo que o seu horizonte de eventos seja de aproximadamente 3,0 km.

    SCHWARZSCHILD, K. On the Gravitational Field of a Mass Point According to Einstein's Theory. Disponível em: arxiv.org. Acesso em: 26 maio 2022 (adaptado).

    Após a substituição descrita, o que aconteceria aos planetas do Sistema Solar?

    (A) Eles se moveriam em órbitas espirais, aproximando-se sucessivamente do Buraco Negro.

    (B) Eles oscilariam aleatoriamente em torno de suas órbitas elípticas originais.

    (C) Eles se moveriam em direção ao centro do Buraco Negro.

    (D) Eles passariam a precessionar mais rapidamente.

    (E) Eles manteriam suas órbitas inalteradas.

115. (Enem - 2022) O eixo de rotação da Terra apresenta uma inclinação em relação ao plano de sua órbita em torno do Sol, interferindo na duração do dia e da noite ao longo do ano.

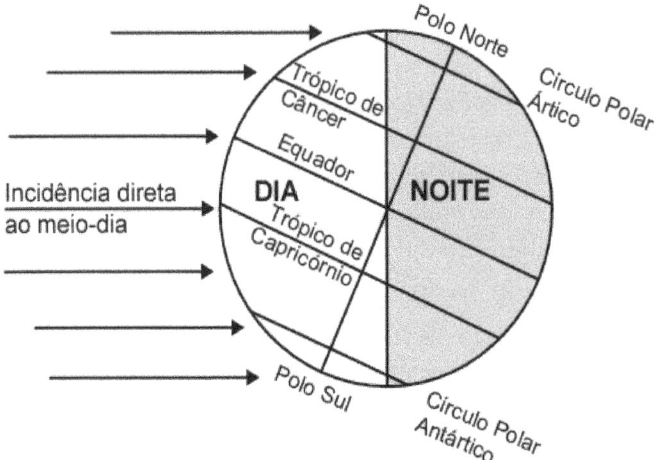

Figura 1.73: Referente à questão 115

Uma pessoa instala em sua residência uma placa fotovoltaica, que transforma energia solar em elétrica. Ela monitora a energia total produzida por essa placa em 4 dias do ano, ensolarados e sem nuvens, e lança os resultados no gráfico.

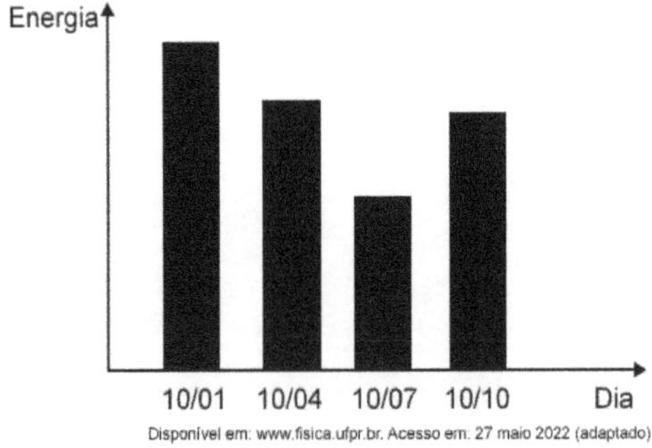

Figura 1.74: Referente à questão 115

Próximo a que região se situa a residência onde as placas foram instaladas?

(A) Trópico de Capricórnio.

(B) Trópico de Câncer.

(C) Polo Norte.

(D) Polo Sul.

(E) Equador.

116. (Enem - 2021) TEXTO I

No cordel intitulado Senhor dos Anéis, de autoria de Gonçalo Ferreira da Silva, lê-se a sextilha:

A distância em relação

Ao nosso planeta amado

Pouco menos que a do Sol

Ele está distanciado

E menos denso que a água

Quando no normal estado

MEDEIROS, A.; AGRA, J. T. M., A astronomia na literatura de cordel, Física na Escola, n. 1, abr. 2010 (fragmento).

TEXTO II

Distâncias médias dos planetas ao Sol e suas densidades médias

Planetas	Distância média ao Sol (u.a.)	Densidade relativa média
*Mercúrio	0,39	5,6
*Vênus	0,72	5,2
*Terra	1,0	5,5
*Marte	1,5	4,0
**Ceres	2,8	2,1
*Júpiter	5,2	1,3
*Saturno	9,6	0,7
*Urano	19	1,2
*Netuno	30	1,7
**Plutão	40	2,0
**Éris	68	2,5

*u.a. = 149 600 000 Km, é a unidade astronômica, *Planeta Clássico, **Planeta-anão*

Características dos planetas. Disponível em: www.astronoo.com. Acesso em: 8 nov. 2019 (adaptado).

Considerando os versos da sextilha e as informações da tabela, a qual planeta o cordel faz referência?

(A) Mercúrio.

(B) Júpiter.

(C) Urano.

(D) Saturno.

(E) Netuno.

117. (Fuvest - 2023) O telescópio espacial James Webb, lançado em dezembro de 2021, move-se nas proximidades de um ponto especial chamado ponto de Lagrange, sobre o qual um objeto orbita o Sol com o mesmo período de translação que a Terra. O esquema a seguir, fora de escala, representa o Sol, a Terra e o telescópio Webb, com as respectivas massas e distâncias indicadas.

A força resultante necessária para manter um objeto de massa m em uma órbita circular de raio R com velocidade angular

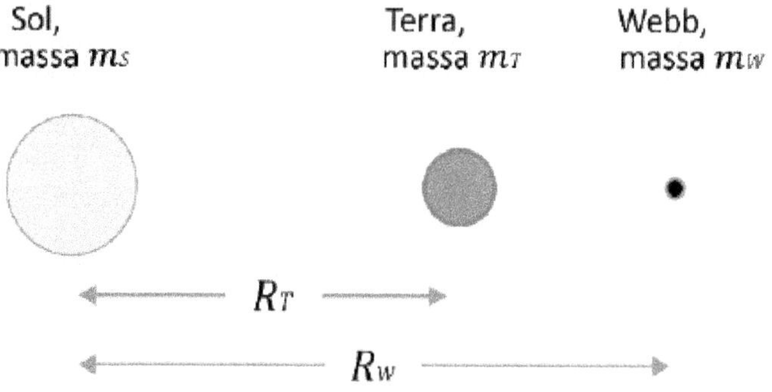

Figura 1.75: Referente à questão 117

ω é $F = m\omega^2$R. Sendo F_T e F_W as intensidades das forças gravitacionais resultantes sobre a Terra e sobre o telescópio, respectivamente, assinale a alternativa que descreve a razão F_W/F_T entre essas forças.

Note e adote: Despreze os efeitos gravitacionais da Lua e suponha que m_W seja desprezível frente às outras massas e que as órbitas sejam perfeitamente circulares. Suponha ainda que o telescópio se situe exatamente sobre o ponto de Lagrange.

(A) $\dfrac{F_W}{F_T} = \dfrac{m_W R_T}{m_T R_W}$

(B) $\dfrac{F_W}{F_T} = \dfrac{(m_T + m_S) R_W}{m_T R_T}$

(C) $\dfrac{F_W}{F_T} = \dfrac{m_W R_W}{m_T R_T}$

(D) $\dfrac{F_W}{F_T} = \dfrac{m_W (R_W - R_T)}{m_T R_T}$

(E) $\dfrac{F_W}{F_T} = \dfrac{m_T (R_W - R_T)}{m_W R_T}$

118. (Fuvest - 2022) O canhão de Newton, esquematizado na figura, é um experimento mental imaginado por Isaac Newton para mostrar que sua lei da gravitação era universal. Disparando o canhão horizontalmente do alto de uma montanha, a

bala cairia na Terra em virtude da força da gravidade. Com uma maior velocidade inicial, a bala iria mais longe antes de retornar à Terra. Com a velocidade certa, o projétil daria uma volta completa em torno da Terra, sempre "caindo" sob ação da gravidade, mas nunca alcançando a Terra. Newton concluiu que esse movimento orbital seria da mesma natureza do movimento da Lua em torno da Terra.

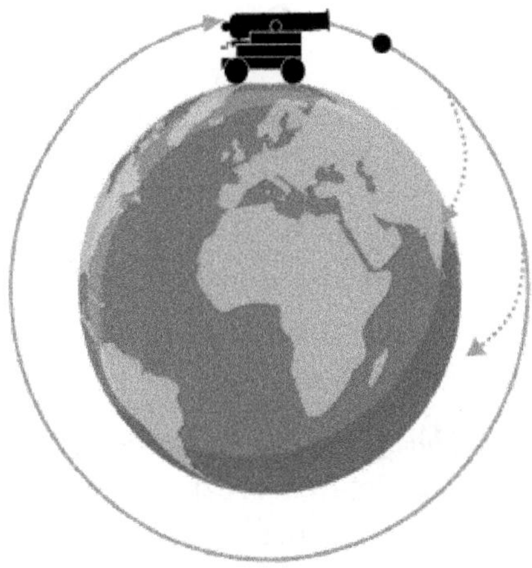

Figura 1.76: Referente à questão 118

Qual deveria ser a velocidade inicial de um projétil lançado horizontalmente do alto do Everest (a uma distância aproximada de 6.400 km do centro da Terra) para colocá-lo em órbita em torno da Terra?

Note e adote:

Despreze a resistência do ar.

Aceleração da gravidade: g = 10 m/s^2.

(A) 8 km/s

(B) 11,2 km/s

(C) 80 km/s

(D) 112 km/s

(E) 8.000 km/s

119. (Fuvest - 2020) Em julho de 1969, os astronautas Neil Armstrong e Buzz Aldrin fizeram o primeiro pouso tripulado na superfície da Lua, enquanto seu colega Michael Collins permaneceu a bordo do módulo de comando Columbia em órbita lunar. Considerando que o Columbia estivesse em uma órbita perfeitamente circular a uma altitude de 260 km acima da superfície da Lua, o tempo decorrido (em horas terrestres - h) entre duas passagens do Columbia exatamente acima do mesmo ponto da superfície lunar seria de

    Note e adote:

    Constante gravitacional: $G = 9 \times 10^{-13}\ km^3/(kgh^2)$;

    Raio da Lua = 1.740 km;

    Massa da Lua $\simeq 8 \times 10^{22}\ kg$;

    $\pi \simeq 3$.

    (A) 0,5 h

    (B) 2 h

    (C) 4 h

    (D) 8 h

    (E) 72 h

120. (Fuvest - 2020) A velocidade de escape de um corpo celeste é a mínima velocidade que um objeto deve ter nas proximidades da superfície desse corpo para escapar de sua atração gravitacional. Com base nessa informação e em seus conhecimentos sobre a interpretação cinética da temperatura, considere as seguintes afirmações a respeito da relação entre a velocidade de escape e a atmosfera de um corpo celeste.

    I. Corpos celestes com mesma velocidade de escape retêm atmosferas igualmente densas, independentemente da temperatura de cada corpo.

    II. Moléculas de gás nitrogênio escapam da atmosfera de um corpo celeste mais facilmente do que moléculas de gás hidrogênio.

III. Comparando corpos celestes com temperaturas médias iguais, aquele com a maior velocidade de escape tende a reter uma atmosfera mais densa.

Apenas é correto o que se afirma em

(A) I

(B) II

(C) III

(D) I e II

(E) I e III

Gabarito	
114	E
115	A
116	D
117	C
118	A
119	B
120	C

.

Capítulo 2

Física 2

2.1 Termometria

121. (UERJ - 2EQ - 2025) Na cidade do Rio de Janeiro, a população já experimentou sensação térmica de 55 $°C$. Com base nos dados do texto, essa mesma temperatura, em graus Fahrenheit, corresponde a:

(A) 131

(B) 158

(C) 212

(D) 273

122. (UERJ - Exame Único - 2023) A temperatura de ebulição dos líquidos está associada à altitude. Admita que, na altitude de 9000 m, a água entre em ebulição a 70 °C. Com um termômetro graduado na escala Fahrenheit, o valor obtido da temperatura de ebulição da água será igual a:

(A) 86

(B) 94

(C) 112

(D) 158

123. (UERJ - 1EQ - 2020) Com o aumento do efeito estufa, a chuva ácida pode atingir a temperatura de 250°C. Na escala Kelvin, esse valor de temperatura corresponde a:

(A) 215

(B) 346

(C) 482

(D) 523

Gabarito	
121	A
122	D
123	D

.

2.2 Calorimetria

124. (UERJ - 2EQ - 2025) Para variar em 60 $°C$ a temperatura de m quilogramas de água, foi utilizada toda a energia produzida pela queima de 100 g de etanol. Para essas condições, considere os seguintes valores:

   - poder calorífico do etanol igual a 30,00 kJ/g;
   - calor específico da água igual a 4,20 J/g $°C$.

   O valor de m, em quilogramas, é aproximadamente igual a:

   (A) 36

   (B) 24

   (C) 18

   (D) 12

125. (UERJ - 2EQ - 2024) Uma equipe de cientistas, com o objetivo de simular a respiração humana, criou um dispositivo que converte 0,02 g de vapor d'água em água líquida a cada ciclo de inspiração e expiração, à temperatura constante. Admita que esse dispositivo simule 15 ciclos de respiração por minuto e que o calor latente de vaporização da água seja igual a 2 400 J/g. A taxa de calor perdida pelo dispositivo, em J/s, é igual a:

   (A) 9

   (B) 10

   (C) 11

   (D) 12

126. (UERJ - Exame Único - 2022) Após o processo de usinagem, uma peça de alumínio com massa de 500 g atinge a temperatura de 80°C. Para ser manuseada, essa peça é imediatamente imersa em um recipiente que contém 1000 g de água a 22,2°C. Sabe-se que o calor específico da água é igual a 1,00 cal/g ° e o do alumínio, a 0,22 cal/g °. Admita que só ocorra troca de calor entre a peça e a água. Nessas condições,

a temperatura de equilíbrio térmico, em °, é aproximadamente igual a:

(A) 25

(B) 28

(C) 31

(D) 34

127. (UERJ - Exame Único - 2021) Em uma experiência de calorimetria, os corpos A, B e C, que possuem massas, temperaturas e energias térmicas distintas, são colocados em um recipiente isolante térmico e de paredes rígidas, suspensos por fios ideais, conforme a ilustração abaixo.

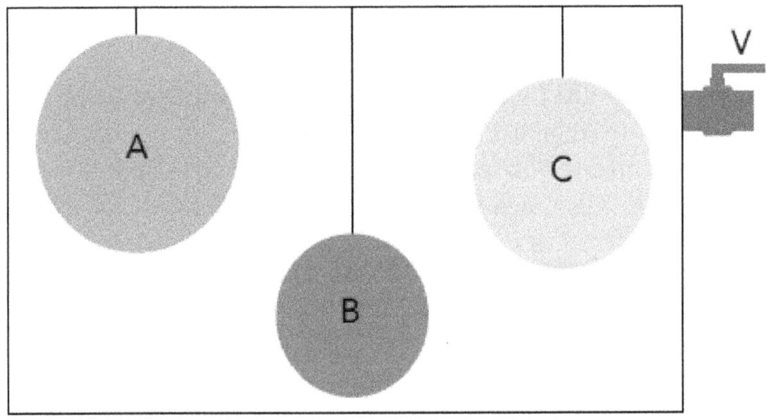

Figura 2.1: Referente à questão 127

Em seguida, através da válvula V, retira-se grande parte do ar do interior do recipiente. A partir desse instante, predomina um processo de transferência de calor entre os corpos, o que altera os valores de determinada grandeza física. O referido processo de transferência de calor e a grandeza física em questão são, respectivamente:

(A) irradiação - massa

(B) convecção - massa

(C) irradiação - temperatura

(D) convecção - temperatura

128. (UERJ - 2EQ - 2020) Para aquecer a quantidade de massa m de uma substância, foram consumidas 1450 calorias. A variação de seu calor específico c, em função da temperatura θ, está indicada no gráfico.

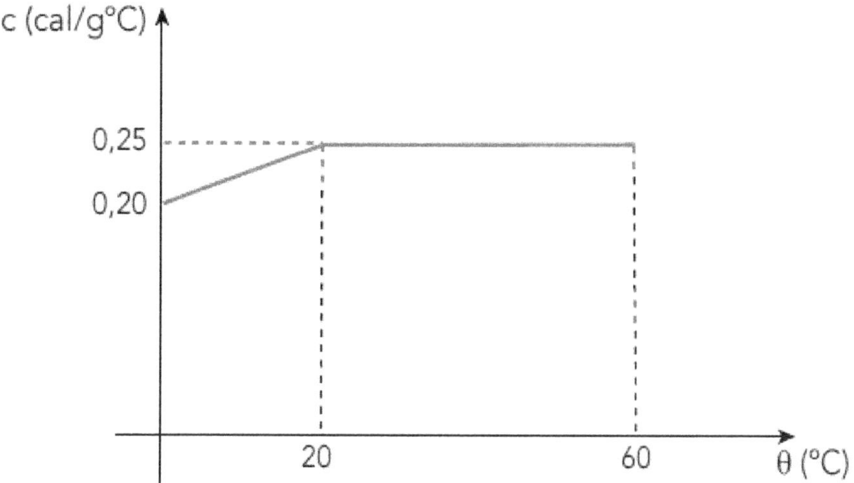

Figura 2.2: Referente à questão 128

O valor de m, em gramas, equivale a:

(A) 50

(B) 100

(C) 150

(D) 300

129. (Enem - 2024) A tirinha ilustra esquimós dentro de um iglu, habitação de formato hemisférico construída durante o inverno a partir de neve ou blocos de gelo. Essa estrutura de construção se justifica pelo fato de esse povo habitar as regiões mais setentrionais da Groenlândia, Canadá e Alasca.

LAERTE. Disponível em: https://artedafisicapibid.blogspot.com. Acesso em: 4 dez. 2021 (adaptado).

Figura 2.3: Referente à questão 129

Na tirinha, a geladeira é necessária para fazer gelo porque

(A) a temperatura interna do iglu é maior que a de solidificação da água.

(B) a umidade dentro do iglu dificulta o processo de mudança de fase da água.

(C) o ar dentro do iglu é isolante térmico, dificultando a perda de calor pela água.

(D) temperatura uniforme no interior do iglu impede as correntes de convecção.

(E) a pressão do ar no interior do iglu é baixa, dificultando a solidificação da água.

130. (Enem - 2024) Aquecedores solares são equipamentos utilizados para o aquecimento de água pelo calor do Sol. São compostos por coletores solares, nos quais ocorre o aquecimento da água, e por um reservatório térmico, em que é armazenada a água quente para ser utilizada posteriormente. A figura ilustra esquematicamente como funciona esse equipamento.

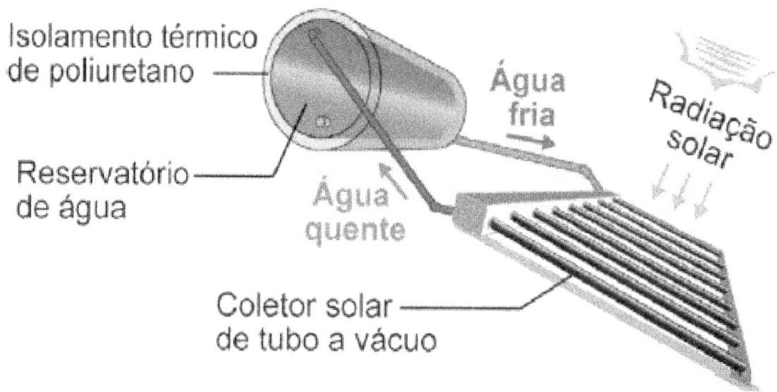

5 dicas de instalação de aquecedor solar. Disponível em: https://instaline.com.br. Acesso em: 3 nov. 2023 (adaptado).

Figura 2.4: Referente à questão 130

O processo pelo qual ocorre transferência de calor dos coletores solares para o reservatório térmico é a

(A) difusão.

(B) absorção.

(C) condução.

(D) irradiação.

(E) convecção.

131. (Enem - 2024) Um estudante comprou uma cafeteira elétrica de 700 W de potência e com capacidade de 0,5 L de água (500 g). Enquanto o café estava em preparação na capacidade máxima da cafeteira, ele marcou que demorou 3 minutos para a cafeteira ferver toda a água (100 $°C$) a partir da temperatura ambiente de 20 $°C$. Em seguida, para avaliar a eficiência da cafeteira, ele calculou esse tempo desprezando quaisquer perdas energéticas. É necessária 1 cal (4,2 J) para elevar em 1 °C a temperatura de 1 grama de água. Qual a eficiência energética calculada pelo estudante?

A 100%

B 75%

C 60%

D 7,5%

E 5,1%

132. (Enem - 2023) Em uma indústria alimentícia, para produção de doce de leite, utiliza-se um tacho de parede oca com uma entrada para vapor de água a 120 °C e uma saída para água líquida em equilíbrio com o vapor a 100 °C. Ao passar pela parte oca do tacho, o vapor de água transforma-se em líquido, liberando energia. A parede transfere essa energia para o interior do tacho, resultando na evaporação de água e consequente concentração do produto. No processo de concentração do produto, é utilizada energia proveniente

(A) somente do calor latente de vaporização.

(B) somente do calor latente de condensação

(C) do calor sensível e do calor latente de vaporização.

(D) do calor sensível e do calor latente de condensação.

(E) do calor latente de condensação e do calor latente de vaporização.

133. (Enem - 2023) Uma cafeteria adotou copos fabricados a partir de uma composição de 50% de plástico reciclado não biodegradável e 50% de casca de café. O copo é reutilizável e retornável, pois o material, semelhante a uma cerâmica, suporta a lavagem. Embora ele seja comercializado por um preço considerado alto quando comparado ao de um copo de plástico descartável, essa cafeteria possibilita aos clientes retornarem o copo sujo e levarem o café quente servido em outro copo já limpo e higienizado. O material desse copo oferece também o conforto de não esquentar na parte externa.
Cafeteria adota copo reutilizável feito com casca de café. Disponível em: www.gazetadopovo.com.br. Acesso em: 5 dez. 2019 (adaptado).

    Quais duas vantagens esse copo apresenta em comparação ao copo descartável?

    (A) Ter a durabilidade de uma cerâmica e ser totalmente biodegradável.

    (B) Ser tão durável quanto uma cerâmica e ter alta condutividade térmica.

    (C) Ser um mau condutor térmico e aumentar o resíduo biodegradável na natureza.

    (D) Ter baixa condutividade térmica e reduzir o resíduo não biodegradável na natureza.

    (E) Ter alta condutividade térmica e possibilitar a degradação do material no meio ambiente.

134. (Enem - 2022) A variação da incidência de radiação solar sobre a superfície da Terra resulta em uma variação de temperatura ao longo de um dia denominada amplitude térmica. Edificações e pavimentações realizadas nas áreas urbanas contribuem para alterar as amplitudes térmicas dessas regiões, em comparação com regiões que mantêm suas características naturais, com presença de vegetação e água, já que o calor específico do concreto é inferior ao da água. Assim, parte da avaliação do impacto ambiental que a pre-

sença de concreto proporciona às áreas urbanas consiste em considerar a substituição da área concretada por um mesmo volume de água e comparar as variações de temperatura devido à absorção da radiação solar nas duas situações (concretada e alagada). Desprezando os efeitos da evaporação e considerando que toda a radiação é absorvida, essa avaliação pode ser realizada com os seguintes dados:

	Densidade $\left(\frac{kg}{m^3}\right)$	Calor específico $\left(\frac{J}{g\ °C}\right)$
Água	1 000	4,2
Concreto	2 500	0,8

Figura 2.5: Referente à questão 134

ROMERO, M. A. B. et al. Mudanças climáticas e ilhas de calor urbanas. Brasília: UnB; ETB, 2019 (adaptado).

A razão entre as variações de temperatura nas áreas concretada e alagada é mais próxima de

(A) 1,0

(B) 2,1

(C) 2,5

(D) 5,3

(E) 13,1

135. (Enem - 2021) Considere a tirinha, na situação em que a temperatura do ambiente é inferior à temperatura corporal dos personagens.

WATTERSON, B. Disponível em: https://novaescola.org.br. Acesso em: 11 ago. 2014.

Figura 2.6: Referente à questão 135

O incômodo mencionado pelo personagem da tirinha deve-se ao fato de que, em dias úmidos,

(A) a temperatura do vapor-d'água presente no ar é alta.

(B) o suor apresenta maior dificuldade para evaporar do corpo.

(C) a taxa de absorção de radiação pelo corpo torna-se maior.

(D) o ar torna-se mau condutor e dificulta o processo de liberação de calor.

(E) o vapor-d'água presente no ar condensa-se ao entrar em contato com a pele.

136. (Enem - 2021) Na cidade de São Paulo, as ilhas de calor são responsáveis pela alteração da direção do fluxo da brisa marítima que deveria atingir a região de mananciais. Mas, ao cruzar a ilha de calor, a brisa marítima agora encontra um fluxo de ar vertical, que transfere para ela energia térmica absorvida das superfícies quentes da cidade, deslocando-a para altas altitudes. Dessa maneira, há condensação e chuvas fortes no centro da cidade, em vez de na região de mananciais. A imagem apresenta os três subsistemas que trocam energia nesse fenômeno.

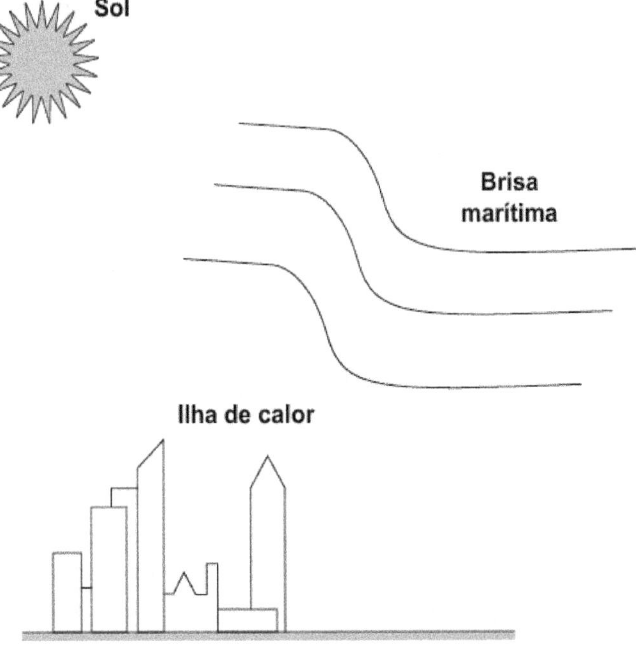

Figura 2.7: Referente à questão 136

No processo de fortes chuvas no centro da cidade de São Paulo, há dois mecanismos dominantes de transferência de calor: entre o Sol e a ilha de calor, e entre a ilha de calor e a brisa marítima.

VIVEIROS, M. Ilhas de calor afastam chuvas de represas. Disponível em: www2.feis.unesp.br. Acesso em: 3 dez. 2019 (adaptado).

esses mecanismos são, respectivamente,

(A) irradiação e convecção

(B) irradiação e irradiação

(C) condução e irradiação

(D) convecção e irradiação

(E) convecção e convecção

137. (Enem - 2021) Na montagem de uma cozinha para um restaurante, a escolha do material correto para as panelas é importante, pois a panela que conduz mais calor é capaz de cozinhar os alimentos mais rapidamente e, com isso, há economia de gás. A taxa de condução do calor depende da condutividade K do material, de sua área A, da diferença de temperatura ΔT e da espessura d do material, sendo dada pela relação $\frac{\Delta Q}{\Delta T} = \frac{KA\Delta T}{d}$. Em panelas com dois materiais, a taxa de condução é dada por $\frac{\Delta Q}{\Delta T} = A\frac{\Delta T}{\frac{d_1}{K_1} + \frac{d_2}{K_2}}$, em d_1 e d_2 são espessuras dos dois materiais, e K_1 e K_2 são as condutividades de cada material. Os materiais mais comuns no mercado para panelas são o alumínio (K = 20 W/mK), o ferro (K = 8 W/mK) e o aço combinado com o cobre (K = 40 W/mK).

Compara-se uma panela de ferro, uma de alumínio e uma composta de 1/2 da espessura em cobre e 1/2 da espessura em aço, todas com a mesma espessura total e com a mesma área de fundo.

A ordem crescente da mais econômica para a menos econômica é

(A) cobre-aço, alumínio e ferro.

(B) alumínio, cobre-aço e ferro.

(C) cobre-aço, ferro e alumínio.

(D) alumínio, ferro e cobre-aço.

(E) ferro, alumínio e cobre-aço.

138. (Enem - 2020) As panelas de pressão reduzem o tempo de cozimento dos alimentos por elevar a temperatura de ebulição da água. Os usuários conhecedores do utensílio normalmente abaixam a intensidade do fogo em panelas de pressão após estas iniciarem a saída dos vapores.

Ao abaixar o fogo, reduz-se a chama, pois assim evita-se o(a)

(A) aumento da pressão interna e os riscos de explosão.

(B) dilatação da panela e a desconexão com sua tampa.

(C) perda da qualidade nutritiva do alimento.

(D) deformação da borracha de vedação.

(E) consumo de gás desnecessário.

139. (Enem - 2020) Mesmo para peixes de aquário, como o peixe arco-íris, a temperatura da água fora da faixa ideal (26 °C a 28 °C), bem como sua variação brusca, pode afetar a saúde do animal. Para manter a temperatura da água dentro do aquário na média desejada, utilizam-se dispositivos de aquecimento com termostato. Por exemplo, para um aquário de 50 L, pode-se utilizar um sistema de aquecimento de 50 W otimizado para suprir sua taxa de resfriamento. Essa taxa pode ser considerada praticamente constante, já que a temperatura externa ao aquário é mantida pelas estufas. Utilize para a água o calor específico 4,0 $kJ\ kg^{-1}\ K^{-1}$ e a densidade 1 $kg\ L^{-1}$.

    Se o sistema de aquecimento for desligado por 1 h, qual o valor mais próximo para a redução da temperatura da água do aquário?

    (A) 4,0 °C

    (B) 3,6 °C

    (C) 0,9 °C

    (D) 0,6 °C

    (E) 0,3 °C

140. (Enem - 2019) Em uma aula experimental de calorimetria, uma professora queimou 2,5 g de castanha-de-caju crua para aquecer 350 g de água, em um recipiente apropriado para diminuir as perdas de calor. Com base na leitura da tabela nutricional a seguir e da medida da temperatura da água, após a queima total do combustível, ela concluiu que 50% da energia disponível foi aproveitada. O calor específico da água é 1 $cal\ g^{-1}\ °C^{-1}$, e sua temperatura inicial era de 20 °C.

Quantidade por porção de 10 g (2 castanhas)	
Valor energético	70 kcal
Carboidratos	0,8 g
Proteínas	3,5 g
Gorduras totais	3,5 g

Figura 2.8: Referente à questão 140

Qual foi a temperatura da água, em grau Celsius, medida ao final do experimento?

(A) 25

(B) 27

(C) 45

(D) 50

(E) 70

141. (Enem - 2019) O objetivo de recipientes isolantes térmicos é minimizar as trocas de calor com o ambiente externo. Essa troca de calor é proporcional à condutividade térmica K e à área interna das faces do recipiente, bem como à diferença de temperatura entre o ambiente externo e o interior do recipiente, além de ser inversamente proporcional à espessura das faces.

A fim de avaliar a qualidade de dois recipientes A (40 cm $\times$ 40 cm $\times$ 40 cm) e B (60 cm $\times$ 40 cm $\times$ 40 cm), de faces de mesma espessura, uma estudante compara suas condutividades térmicas K_A e K_B. Para isso suspende, dentro de cada recipiente, blocos idênticos de gelo a 0 °C, de modo que suas superfícies estejam em contato apenas com o ar. Após um intervalo de tempo, ela abre os recipientes enquanto ambos ainda contêm um pouco de gelo e verifica que a massa de gelo que se fundiu no recipiente B foi o dobro da que se fundiu no recipiente A.

A razão $\frac{K_A}{K_B}$ é mais próxima de

(A) 0,50.

(B) 0,67.

(C) 0,75.

(D) 1,33.

(E) 2,00.

142. (Enem - 2019) Em 1962, um jingle (vinheta musical) criado por Heitor Carillo fez tanto sucesso que extrapolou as fronteiras do rádio e chegou à televisão ilustrado por um desenho animado. Nele, uma pessoa respondia ao fantasma que batia em sua porta, personificando o "frio", que não o deixaria entrar, pois não abriria a porta e compraria lãs e cobertores para aquecer sua casa. Apesar de memorável, tal comercial televisivo continha incorreções a respeito de conceitos físicos relativos à calorimetria.

DUARTE, M. Jingle é a alma do negócio: livro revela os bastidores das músicas de propagandas.
Disponível em: https://guiadoscuriosos.uol.com.br. Acesso em: 24 abr. 2019 (adaptado).

Para solucionar essas incorreções, deve-se associar à porta e aos cobertores, respectivamente, as funções de:

(A) Aquecer a casa e os corpos.

(B) Evitar a entrada do frio na casa e nos corpos.

(C) Minimizar a perda de calor pela casa e pelos corpos.

(D) Diminuir a entrada do frio na casa e aquecer os corpos.

(E) Aquecer a casa e reduzir a perda de calor pelos corpos.

143. (Fuvest - 2024) Para esfriar um copo contendo 250 mL de água fervente (100°C), é comum utilizar o seguinte método:

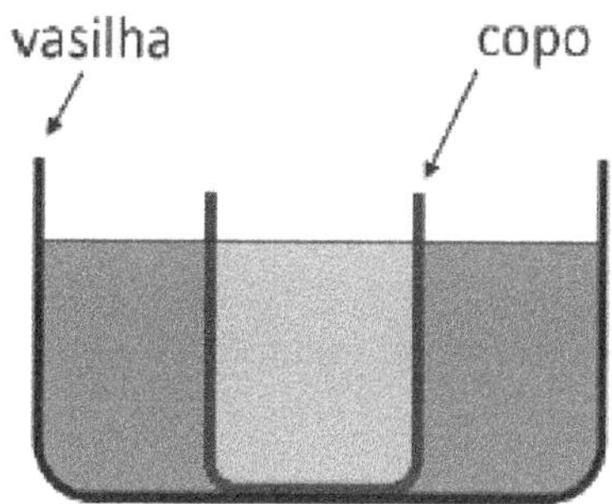

Figura 2.9: Referente à questão 143

Passo 1. Colocar esse copo dentro de uma vasilha em contato com 1 litro de água à temperatura ambiente (25°C), como mostrado na figura.

Passo 2. Esperar que entrem em equilíbrio térmico.

Passo 3. Tirar o copo e trocar a água da vasilha por outro litro de água à temperatura ambiente.

Passo 4. Colocar o copo em contato com a água "nova" e esperar que entrem em equilíbrio térmico.

Após o passo (4) desse método, a temperatura da água no copo será aproximadamente:

Note e adote: Considere apenas trocas de calor entre a água no copo e a água na vasilha. Despreze quaisquer trocas de calor do sistema com o ambiente.

(A) 14°C

(B) 28°C

(C) 40°C

(D) 60°C

(E) 84°C

144. (Fuvest - 2022) Um bom café deve ser preparado a uma temperatura pouco acima de 80oC. Para evitar queimaduras na boca, deve ser consumido a uma temperatura mais baixa. Uma xícara contém 60 mL de café a uma temperatura de 80°C. Qual a quantidade de leite gelado (a uma temperatura de 5°C) deve ser misturada ao café para que a temperatura final do café com leite seja de 65°C?

    Note e adote: Considere que o calor específico e a densidade do café e do leite sejam idênticos.

    (A) 5 mL

    (B) 10 mL

    (C) 15 mL

    (D) 20 mL

    (E) 25 mL

145. (PUC - RJ - 2025) Em um calorímetro perfeito, colocam-se 50 g de água a 50°C, e bombeiam-se 10 g de vapor de água a 100°C. Imediatamente após, isola-se esse calorímetro. Após atingir o equilíbrio térmico, qual será a temperatura final, em graus Celsius, dentro desse calorímetro?

    Dado

    $c_{agua} = 1,0\ cal/g°C$;

    $L_{vaporizacao} = 540\ cal/g$.

    (A) 150

    (B) 100

    (C) 92

    (D) 75

    (E) 50

146. (PUC - RJ - 2024) Coloca-se 0,50 kg de gelo a uma temperatura desconhecida e 1,00 kg de água a 50 °C em um calorímetro perfeito. A temperatura inicial do gelo, em graus Celsius, para que, no equilíbrio, apenas haja água a 0 °C dentro do calorímetro é

    Dado

    calor específico da água: 1 cal/g °C

    calor específico do gelo: 0,5 cal/g °C

    calor latente de fusão do gelo: 80 cal/g

    (A) 0

    (B) -10

    (C) -20

    (D) -40

    (E) -50

Gabarito	
124	D
125	D
126	B
127	C
128	B
129	A
130	E
131	ANU
132	D
133	D
134	B
135	B
136	A
137	B
138	E
139	C
140	C
141	B
142	C
143	B
144	C
146	D

2.3 Dilatação

147. (UERJ - Exame Único - 2022) Em um instituto de análises físicas, uma placa de determinado material passa por um teste que verifica o percentual de variação de sua área ao ser submetida a aumento de temperatura. Antes do teste, a placa, que tem área igual a $3,0 \times 10^3 cm^2$, encontra-se a 20°C; ao ser colocada no forno, sua temperatura atinge 60°C. Sabe-se que o coeficiente de dilatação linear do material que a constitui é igual a $1,5 \times 10^{-5}\ °C^{-1}$. Nesse teste, o percentual de variação da área da placa foi de:

    (A) 0,16%

    (B) 0,12%

    (C) 0,8%

    (D) 0,6%

148. (Fuvest - 2025) Quando uma barra de um certo material é aquecida até uma temperatura T a partir de uma temperatura inicial T_0, seu comprimento inicial L_0 sofre um aumento ΔL dado por $\Delta L = L_0 \cdot \alpha \cdot (T - T_0)$, sendo α o coeficiente de expansão linear, que depende do material. O gráfico a seguir mostra curvas de expansão linear para barras feitas de três materiais distintos.

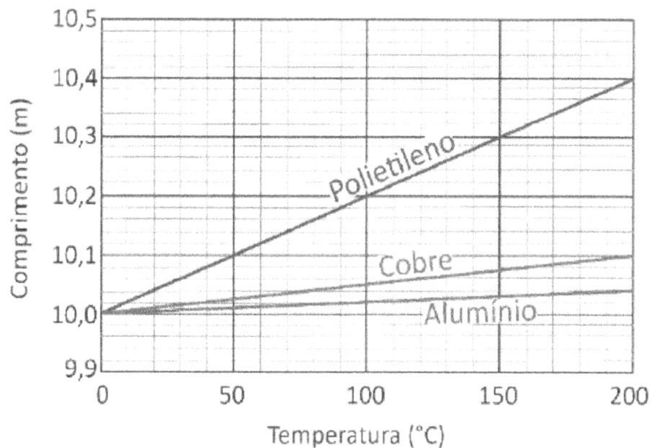

Figura 2.10: Referente à questão 148

Com base no gráfico e nas informações apresentadas, é correto afirmar:

(A) O gráfico mostra curvas para três barras que possuem o mesmo comprimento à temperatura de 30°C.

(B) Em um processo de aquecimento entre 100°C e 200°C, o comprimento da barra de cobre aumenta em 0,1 m.

(C) O coeficiente de expansão linear do alumínio é maior do que o do cobre.

(D) Partindo de 0°C, aumentar em 10 cm o comprimento da barra de polietileno requer elevar sua temperatura até 50°C.

(E) Duas barras de comprimentos 5 m e 10 m a 0°C, feitas do mesmo material, sofrem iguais incrementos de comprimento quando levadas de 0°C a 100°C.

149. (Fuvest - 2020) Um pêndulo simples é composto por uma haste metálica leve, presa a um eixo bem lubrificado, e por uma esfera pequena de massa muito maior que a da haste, presa à sua extremidade oposta. O período P para pequenas oscilações de um pêndulo é proporcional à raiz quadrada da razão entre o comprimento da haste metálica e a aceleração da gravidade local. Considere este pêndulo nas três situações:

1. Em um laboratório localizado ao nível do mar, na Antártida, a uma temperatura de 0 °C.

2. No mesmo laboratório, mas agora a uma temperatura de 250 K.

3. Em um laboratório no qual a temperatura é de 32 °F, em uma base lunar, cuja aceleração da gravidade é igual a um sexto daquela da Terra.

Indique a alternativa correta a respeito da comparação entre os períodos de oscilação P_1, P_2 e P_3 do pêndulo nas situações 1, 2 e 3, respectivamente.

(A) $P_1 < P_2 < P_3$

(B) $P_1 = P_3 < P_2$

(C) $P_2 < P_1 < P_3$

(D) $P_3 < P_2 < P_1$

(E) $P_1 < P_2 = P_3$

150. (PUC - RJ - 2025) Um copo grande, de capacidade igual a 5,0 litros, tem um coeficiente de dilatação linear igual a $33,3 \times 10^{-6}\ K^{-1}$. Esse copo está cheio até a borda com água, em equilíbrio a 20°C. O coeficiente de dilatação volumétrica da água é, aproximadamente, $200 \times 10^{-6}\ K^{-1}$.

    Considere que os dois coeficientes citados independem da temperatura. Ao aquecer esse copo com água até 70°C, observa-se que certo volume de água transborda. O volume de água transbordado, em cm^3, é

    (A) 0

    (B) 2,5

    (C) 5

    (D) 25

    (E) 50

151. (PUC - RJ - 2024) Um cubo de aço, de comprimento L_A = 10,000 m, foi colocado dentro de uma caixa cúbica, feita de vidro, como mostrado na Figura. A temperatura inicial do conjunto é de 20 °C. A folga entre o aço e o vidro é de apenas 0,10 mm.

Figura 2.11: Referente à questão 151

Qual é a temperatura, em Celsius, em que o vidro será quebrado pelo paralelepípedo de aço?

Dado

coeficiente linear de dilatação do aço = $90 \times 10^{-7}/°C$;

coeficiente linear de dilatação do vidro = $7,0 \times 10^{-7}/°C$

(A) 12020

(B) 1220

(C) 140

(D) 32

(E) 21,2

Gabarito	
147	B
148	D
149	C
150	D
151	E

.

2.4 Gases e Termodinâmica

152. (UERJ - 1EQ - 2024) Para aumentar a eficiência energética de uma caldeira industrial, pesquisadores realizaram um teste que verificou a expansão volumétrica de uma amostra de gás ideal em função da temperatura. Observe os resultados no gráfico:

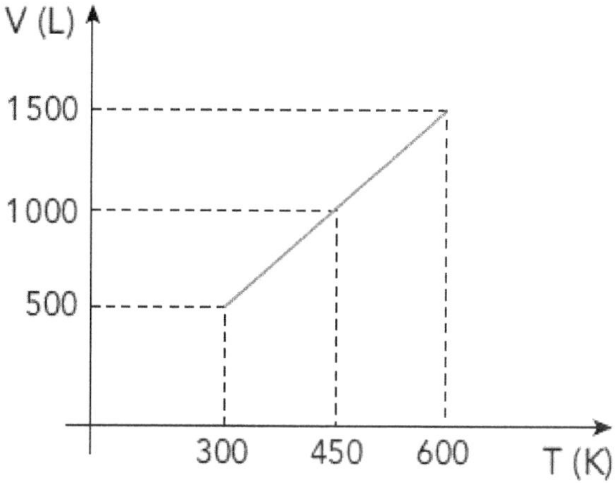

Figura 2.12: Referente à questão 152

Admita que o processo de expansão volumétrica ocorre à pressão constante de 8 atm e que a constante universal dos gases ideais é de 0,08 atm.L/mol.K.
Ao atingir a temperatura máxima, o número de mols da amostra de gás corresponderá a:

(A) 100

(B) 150

(C) 200

(D) 250

153. (Enem - 2024) O diagrama P-V a seguir representa o ciclo de Otto para um motor de combustão interna, como os motores a gasolina ou a etanol, utilizados nos automóveis.

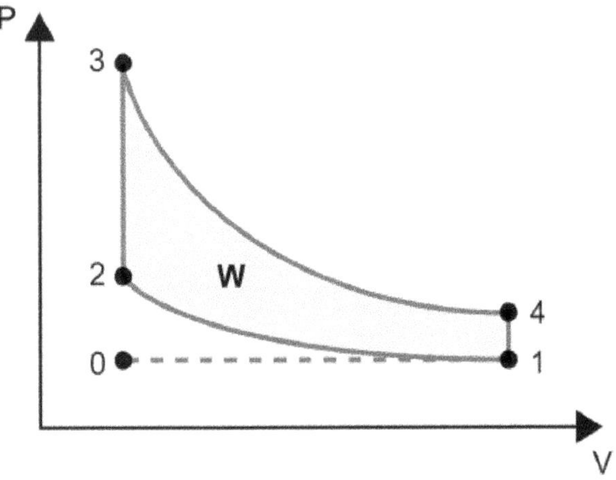

Figura 2.13: Referente à questão 153

As etapas representadas no diagrama estão descritas no quadro.

Etapa	Processo	Descrição
I	0 a 1	Admissão isobárica da mistura ar-combustível no cilindro do motor.
II	1 a 2	Compressão adiabática da mistura.
III	2 a 3	Introdução de energia na forma de calor da combustão.
IV	3 a 4	Expansão adiabática.
V	4 a 1	Liberação de energia na forma de calor.
VI	1 a 0	Liberação dos gases resultantes da combustão.

Disponível em: www.mspc.eng.br.
Acesso em: 24 fev. 2013 (adaptado).

Figura 2.14: Referente à questão 153

A transformação da energia térmica em energia útil ocorre na etapa

(A) II.

(B) III.

(C) IV.

(D) V.

(E) VI.

154. (Enem - 2023) De acordo com a Constituição Federal, é competência dos municípios o gerenciamento dos serviços de limpeza e coleta dos resíduos urbanos (lixo). No entanto, há relatos de que parte desse lixo acaba sendo incinerado, liberando substâncias tóxicas para o ambiente e causando acidentes por explosões, principalmente quando ocorre a incineração de frascos de aerossóis (por exemplo: desodorantes, inseticidas e repelentes). A temperatura elevada provoca a vaporização de todo o conteúdo dentro desse tipo de frasco, aumentando a pressão em seu interior até culminar na explosão da embalagem
ZVEIBIL, V. Z. et al. Cartilha de limpeza urbana. Disponível em: www.ibam.org.br. Acesso em: 6 jul. 2015 (adaptado).

Suponha um frasco metálico de um aerossol de capacidade igual a 100 mL, contendo 0,1 mol de produtos gasosos à temperatura de 650 °C, no momento da explosão.

Considere: $R = 0,082 \dfrac{L.atm}{mol.K}$

A pressão, em atm, dentro do frasco, no momento da explosão, é mais próxima de

(A) 756.

(B) 533.

(C) 76.

(D) 53.

(E) 13.

155. (Enem - 2023) O manual de um automóvel alerta sobre os cuidados em relação à pressão do ar no interior dos pneus. Recomenda-se que a pressão seja verificada com os pneus frios (à temperatura ambiente). Um motorista, desatento a essa informação, realizou uma viagem longa sobre o asfalto quente e, em seguida, verificou que a pressão P_0 no interior dos pneus não era a recomendada pelo fabricante. Na ocasião, a temperatura dos pneus era T_0. Após um longo período em repouso, os pneus do carro atingiram a temperatura ambiente T.

Durante o resfriamento, não há alteração no volume dos pneus e na quantidade de ar no seu interior. Considere o ar dos pneus um gás perfeito (também denominado gás ideal). Durante o processo de resfriamento, os valores de pressão em relação à temperatura ($P \times T$) são representados pelo gráfico:

(A)

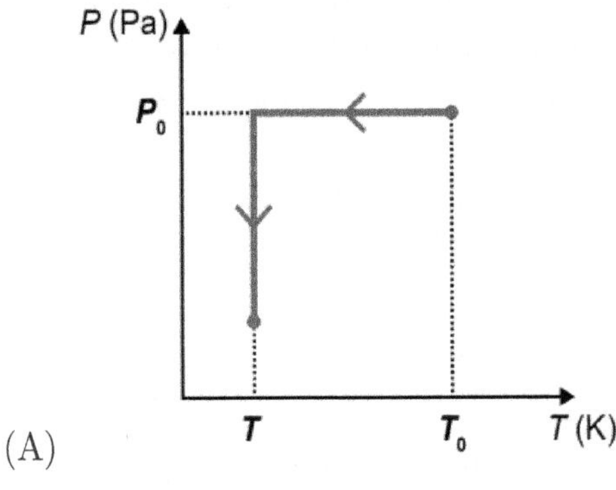

(B)

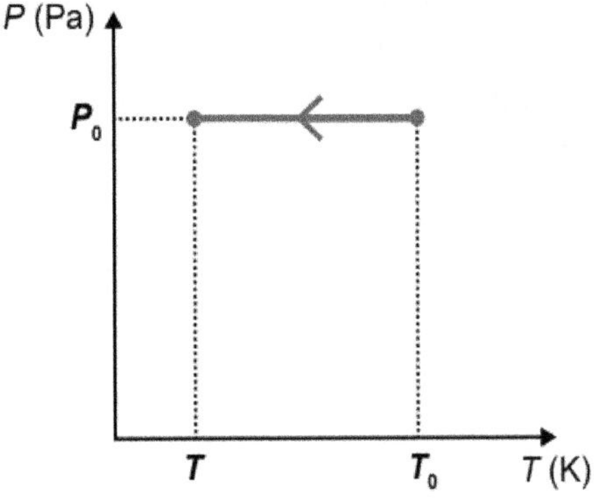

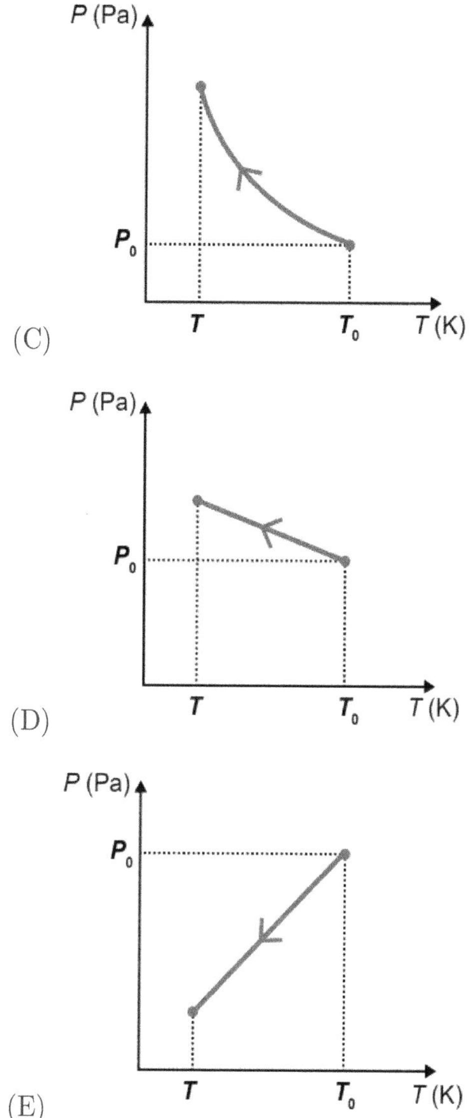

156. (Enem - 2020) Os manuais de refrigerador apresentam a recomendação de que o equipamento não deve ser instalado próximo a fontes de calor, como fogão e aquecedores, ou em local onde incida diretamente a luz do sol. A instalação em local inadequado prejudica o funcionamento do refrigerador e aumenta o consumo de energia.

O não atendimento dessa recomendação resulta em aumento do consumo de energia porque

(A) O não atendimento dessa recomendação resulta em aumento do consumo de energia porque

(B) a temperatura da substância refrigerante no condensador diminui mais rapidamente.

(C) o fl uxo de calor promove signifi cativa elevação da temperatura no interior do refrigerador.

(D) a liquefação da substância refrigerante no condensador exige mais trabalho do compressor.

(E) as correntes de convecção nas proximidades do condensador ocorrem com maior dificuldade.

157. (Fuvest - 2024) Um protótipo de máquina térmica caseira baseia-se num motor de quatro etapas e pode ser construído com o auxílio de uma bomba de bicicleta, uma pequena câmara de pneu e um aquecedor térmico. Na primeira etapa, o gás da câmara de pneu é comprimido adiabaticamente. Na segunda etapa, o gás é aquecido isovolumetricamente. Na terceira etapa, o gás sofre uma expansão adiabática e, finalmente, na quarta etapa, um resfriamento isovolumétrico.

Assinale a alternativa que melhor representa o diagrama correspondente a essa máquina térmica no plano pressão (p) x volume (V).

Note e adote: Despreze efeitos de dilatação ou contração da câmara do pneu.

(A) 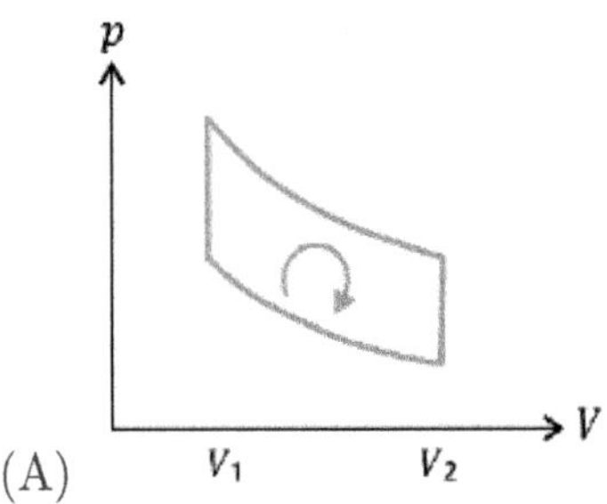

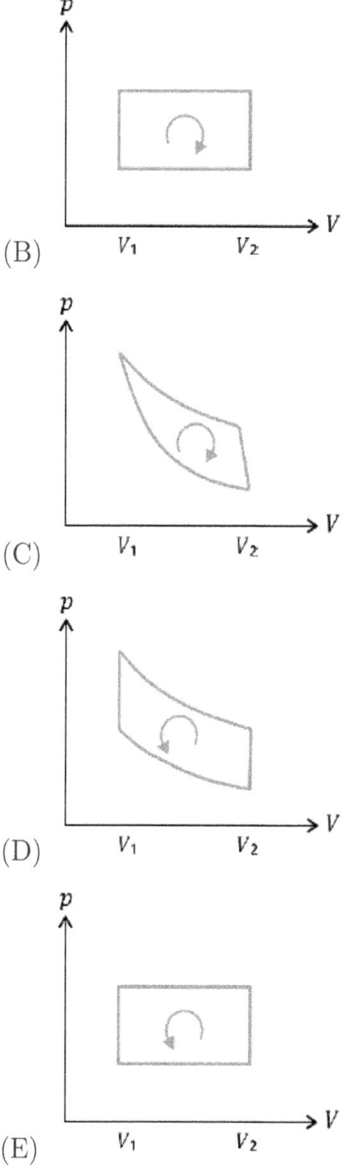

158. (Fuvest - 2024) Diversos processos na indústria de óleo e gás podem envolver misturas de gases a diferentes temperaturas. Um sistema isolado é composto por dois compartimentos de mesmo volume: o primeiro é ocupado por $n_1 = 1$ mol e o segundo é ocupado por $n_2 = 2$ mols de um gás ideal

monoatômico. Inicialmente cada compartimento encontra-se em equilíbrio térmico, com temperatura $T_1 = 4T$ e $T_2 = T$, respectivamente, conforme mostra a figura:

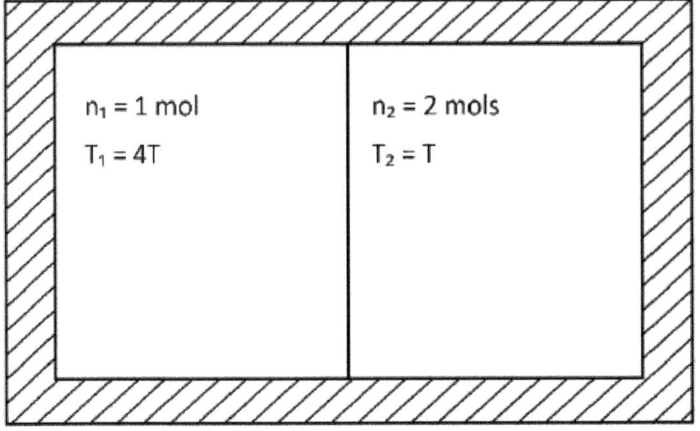

Figura 2.15: Referente à questão 158

A partir de certo instante, a parede que separa os compartimentos é removida e, após algum tempo, o sistema atinge uma nova temperatura de equilíbrio T_m. Supondo que não há trabalho realizado após a remoção da parede, nem troca de calor entre o sistema e o ambiente externo, a temperatura de equilíbrio T_m é dada por:

Note e adote: A energia interna de um gás ideal monoatômico é dada por $U = 3nRT/2$, sendo n o número de mols, R a constante universal dos gases ideais e T a temperatura absoluta.

(A) T

(B) $3T/2$

(C) $2T$

(D) $5T/2$

(E) $4T$

159. (Fuvest - 2021) Um mol de um gás ideal percorre o processo cíclico ABCA em um diagrama $P - V$, conforme mostrado na figura, sendo que a etapa Ab é isobárica, a etapa BC é isocórica e a etapa CA é isotérmica.

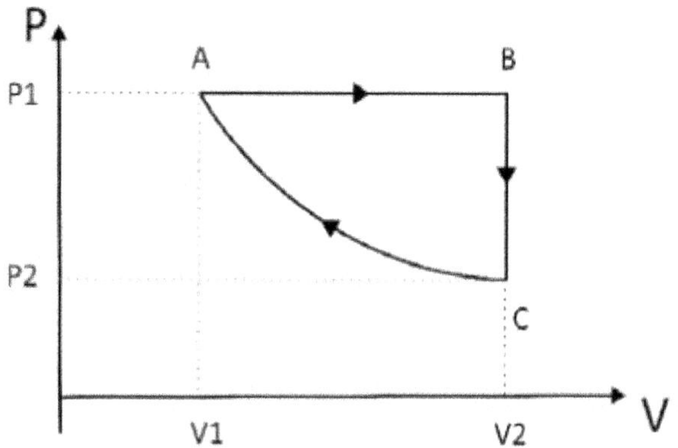

Figura 2.16: Referente à questão 159

Considere as seguintes afirmações:

I - O gás libera calor tanto na etapa BC quanto na etapa CA.

II - O módulo do trabalho realizado pelo gás é não nulo tanto na etapa AB quanto na etapa BC.

III - O gás tem sua temperatura aumentada tanto na etapa AB quanto na etapa CA.

É correto o que se afirma em:

(A) Nenhuma delas.

(B) Apenas I.

(C) Apenas II.

(D) Apenas III.

(E) Apenas I e II.

160. (PUC - RJ - 2025) Considere um mol de gás ideal, com pressão inicial p_0, volume inicial V_0 e temperatura inicial T_0. Obedecendo à equação dos gases ideais, nesse caso $pV = RT$, esse gás passa, inicialmente, por um processo isocórico (isovolumétrico) que eleva sua temperatura para $T_1 = 2T_0$. Depois, esse gás passa por uma expansão isobárica até atingir o volume $V_2 = 2V_0$.

    Sendo W o trabalho total realizado pelo gás ao longo dos dois processos, a razão $\frac{W}{RT_0}$ é dada por

    (A) 4

    (B) 3

    (C) 2

    (D) 1

    (E) 0

161. (PUC - RJ - 2024) Um mol de um gás ideal diatômico realiza uma expansão isobárica que dobra seu volume. Sabendo-se que a temperatura inicial era 27 °C, qual é a temperatura final, em graus Celsius, desse gás?

    (A) 27

    (B) 54

    (C) 300

    (D) 327

    (E) 600

162. (PUC - RJ - 2024) Em um processo isocórico (isovolumétrico), um mol de um gás ideal tem sua pressão reduzida pela metade. Sabendo-se que a variação da energia interna desse gás é dada por ΔU, e que o calor perdido por esse gás corresponde a $Q = n.C_v.\Delta T$, qual é a razão $\Delta U/(n.C_v)$?

    (A) $\frac{1}{2}.n.C_v.\Delta T$

    (B) $\frac{1}{2}$

(C) ΔT

(D) $n.C_v$

(E) $\frac{1}{2}.n.C_v$

Gabarito	
152	D
153	C
154	C
155	E
156	D
157	A
158	C
159	B
160	C
161	D
162	C

2.5 Óptica - Noções Iniciais

163. (Enem - 2022) Em 2002, um mecânico da cidade mineira de Uberaba (MG) teve uma ideia para economizar o consumo de energia elétrica e iluminar a própria casa num dia de sol. Para isso, ele utilizou garrafas plásticas PET com água e cloro, conforme ilustram as figuras. Cada garrafa foi fixada ao telhado de sua casa em um buraco com diâmetro igual ao da garrafa, muito maior que o comprimento de onda da luz. Nos últimos dois anos, sua ideia já alcançou diversas partes do mundo e deve atingir a marca de 1 milhão de casas utilizando a "luz engarrafada".

Figura 2.17: Referente à questão 163

ZOBEL, G. Brasileiro inventor de "luz engarrafada" tem ideia espalhada pelo mundo. Disponível em: www.bbc.com. Acesso em: 23 jun. 2022 (adaptado).

Que fenômeno óptico explica o funcionamento da "luz engarrafada"?

(A) Difração.

(B) Absorção.

(C) Polarização.

(D) Reflexão.

(E) Refração.

164. (Enem - 2019) Os olhos humanos normalmente têm três tipos de cones responsáveis pela percepção das cores: um tipo para tons vermelhos, um para tons azuis e outro para tons verdes. As diversas cores que enxergamos são o resultado da percepção das cores básicas, como indica a figura.

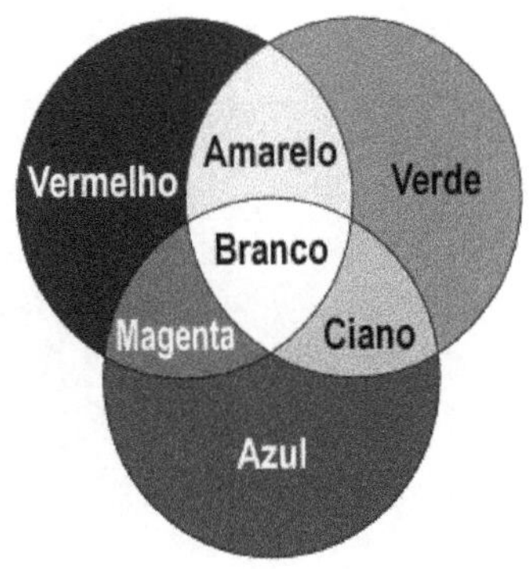

Figura 2.18: Referente à questão 164

A protanopia é um tipo de daltonismo em que há diminuição ou ausência de receptores da cor vermelha. Considere um teste com dois voluntários: uma pessoa com visão normal e outra com caso severo de protanopia. Nesse teste, eles devem escrever a cor dos cartões que lhes são mostrados. São utilizadas as cores indicadas na figura.

Para qual cartão os dois voluntários identificarão a mesma cor?

(A) Vermelho.

(B) Magenta.

(C) Amarelo.

(D) Branco.

(E) Azul.

165. (Enem - 2019) Quando se considera a extrema velocidade com que a luz se espalha por todos os lados e que, quando vêm de diferentes lugares, mesmo totalmente opostos, [os raios luminosos] se atravessam uns aos outros sem se atrapalharem, compreende-se que, quando vemos um objeto luminoso, isso não poderia ocorrer pelo transporte de uma matéria que venha do objeto até nós, como uma flecha ou bala atravessa o ar; pois certamente isso repugna bastante a essas duas propriedades da luz, principalmente a última.

HUYGENS, C. In: MARTINS, R. A. Tratado sobre a luz, de Cristian Huygens.
Caderno de História e Filosofia da Ciência, supl. 4, 1986.

O texto contesta que concepção acerca do comportamento da luz?

(A) O entendimento de que a luz precisa de um meio de propagação, difundido pelos defensores da existência do éter.

(B) O modelo ondulatório para a luz, o qual considera a possibilidade de interferência entre feixes luminosos.

(C) O modelo corpuscular defendido por Newton, que descreve a luz como um feixe de partículas.

(D) A crença na velocidade infinita da luz, defendida pela maioria dos filósofos gregos.

(E) A ideia defendida pelos gregos de que a luz era produzida pelos olhos.

166. (Fuvest - 2024) Quando uma solução de NaCl é colocada em contato com uma chama, observa-se uma luz amarela (figura I). Quando esse mesmo experimento é realizado na presença de uma lâmpada de Na, a chama aparenta estar preta (figura II).

Considerando que um material emite e absorve radiação em um mesmo comprimento de onda, assinale a afirmação correta sobre o experimento.

(I) Chama na presença de solução de NaCℓ.

(II) Chama na presença de solução de NaCℓ, irradiada com lâmpada de Na.

Figura 2.19: Referente à questão 166

(A) Na figura (I), a chama é amarela devido à absorção de luz pelos átomos de Na; enquanto, em (II), a chama está preta porque o Na deixa de absorver quando a chama é irradiada pela lâmpada de sódio.

(B) Na figura (I), a chama é amarela porque esta é a cor de qualquer chama; enquanto, em (II), a chama está preta porque o Na absorve a energia da chama.

(C) Na figura (I), a chama é amarela porque esta é a cor de qualquer chama; enquanto, em (II), a chama está preta devido à combustão incompleta.

(D) Na figura (I), a chama é amarela devido à emissão de luz pelos átomos de Na; enquanto, em (II), a chama está preta devido à combustão incompleta.

(E) Na figura (I), a chama é amarela devido à emissão de luz pelos átomos de Na; enquanto, em (II), a chama está preta porque os átomos de Na da chama absorvem a luz proveniente da lâmpada de Na.

Gabarito	
163	E
164	E
165	C
166	E

2.6 Óptica

167. (UERJ - Exame Único - 2022) Em uma feira de ciências escolar, foi confeccionado um projetor com peças de baixo custo. Observe o esquema, que ilustra a lente do projetor e um anteparo, sobre o qual é projetada a imagem de um objeto.

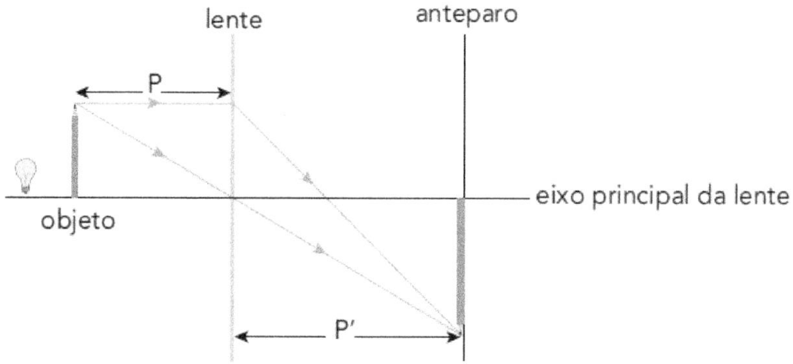

Figura 2.20: Referente à questão 167

Sabe-se que a distância P do objeto à lente é de 11 cm e a distância P' entre a imagem e a lente é de $\frac{66}{5}$ cm.

Com base nas informações, a distância focal da lente, em centímetros, é igual a:

(A) 6

(B) 8

(C) 10

(D) 12

168. (UERJ - Exame Único - 2021) Uma lente convergente conjuga uma imagem cuja altura é três vezes maior que a do objeto posicionado entre seu centro óptico e seu foco principal. Esse objeto se encontra a 12 cm de distância do centro óptico da lente. A distância focal da lente, em centímetros, corresponde a:

(A) 10

(B) 14

(C) 18

(D) 22

169. (Enem - 2024) Mirascópio 3D: produtor de ilusão instantânea

O equipamento ilustrado na figura, de dimensões apresentadas no esquema, é composto por dois espelhos côncavos E_1 e E_2, apoiados um sobre o outro por suas bordas, de tal forma que o vértice de E_1 coincide com o foco de E_2 e vice-versa. Na abertura circular de E2, é formada uma imagem tridimensional de um objeto posicionado sobre o vértice de E_1. Essa imagem é formada a partir dos raios procedentes do objeto, refletidos por E_2 e E_1, respectivamente, conforme o esquema. Os observadores julgam visualizar o objeto quando estão, de fato, visualizando sua imagem. O efeito só é possível porque as superfícies de ambos os espelhos são de extrema qualidade.

A natureza da imagem formada e a distância vertical entre cada ponto objeto e seu correspondente ponto imagem são

(A) real e 5 cm.

(B) real e 3,8 cm.

(C) real e 7,6 cm.

(D) virtual e 7,6 cm.

(E) virtual e 3,8 cm.

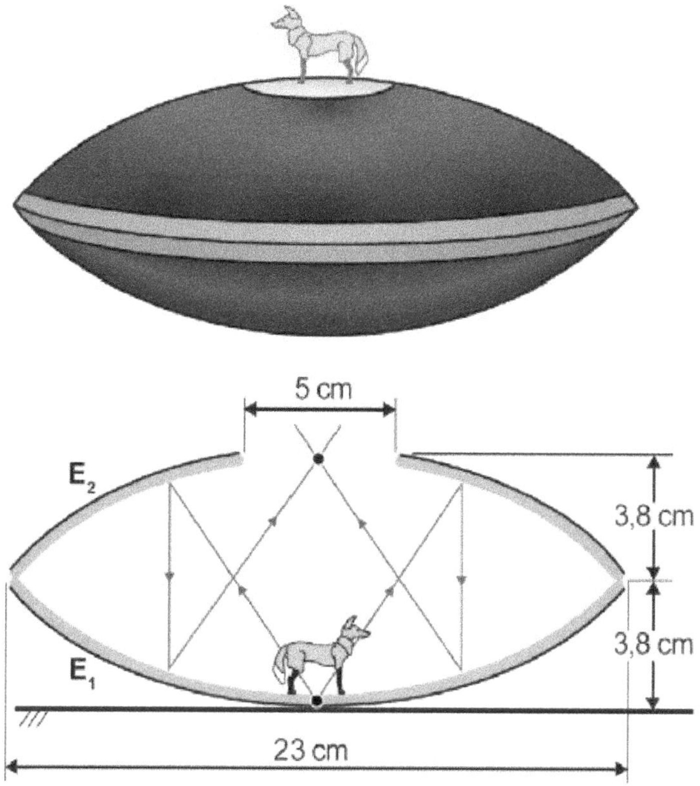

SALZMANN, W. Disponível em: https://wissenstexte.de. Acesso em: 27 jun. 2024 (adaptado).

Figura 2.21: Referente à questão 169

170. (Enem - 2019) A maioria das pessoas fica com a visão embaçada ao abrir os olhos debaixo d'água. Mas há uma exceção: o povo moken, que habita a costa da Tailândia. Essa característica se deve principalmente à adaptabilidade do olho e à plasticidade do cérebro, o que significa que você também, com algum treinamento, poderia enxergar relativamente bem debaixo d'água. Estudos mostraram que as pupilas de olhos de indivíduos moken sofrem redução significativa debaixo d'água, o que faz com que os raios luminosos incidam quase paralelamente ao eixo óptico da pupila.

GISLÉN, A. et al. Visual Training Improves Underwater Vision in Children. Vision Research, n. 46, 2006 (adaptado).

A acuidade visual associada à redução das pupilas é fisicamente explicada pela diminuição

(A) da intensidade luminosa incidente na retina.

(B) da difração dos feixes luminosos que atravessam a pupila.

(C) da intensidade dos feixes luminosos em uma direção por polarização.

(D) do desvio dos feixes luminosos refratados no interior do olho.

(E) das reflexões dos feixes luminosos no interior do olho.

171. (Fuvest - 2025)

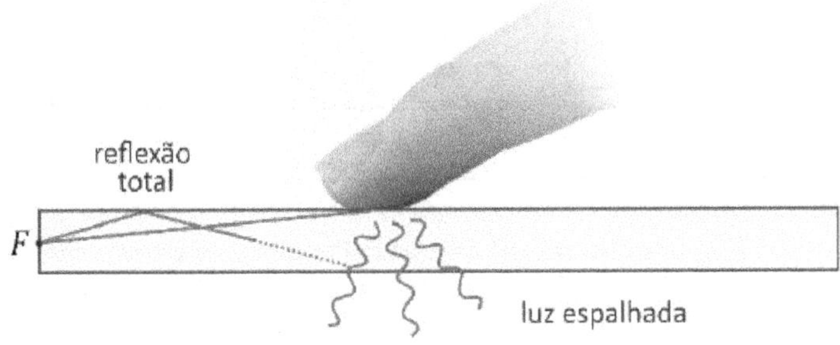

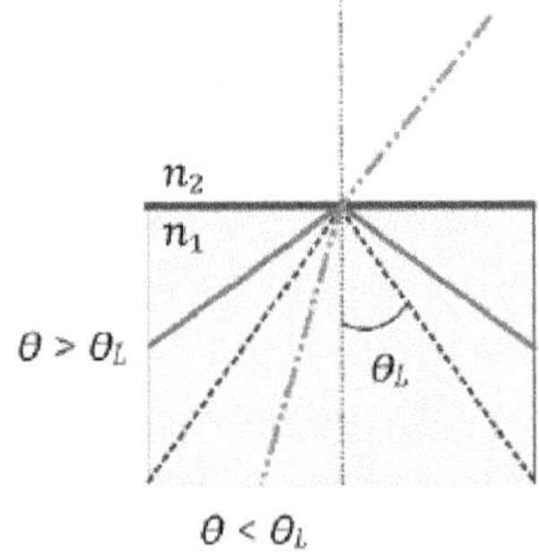

Figura 2.22: Referente à questão 171

Uma das possíveis tecnologias para a produção de telas sensíveis ao toque aproveita a reflexão interna total da luz. Esse tipo de reflexão ocorre quando um raio luminoso viaja do interior de um meio 1, com índice de refração n_1, em direção a um meio 2, com índice de refração n_2, formando com a direção perpendicular à interface entre os meios um ângulo θ maior do que um certo valor limite θ_L , tal que $\operatorname{sen}\theta_L = n_2/n_1$.

Quando um objeto (como um dedo) se aproxima da interface entre os meios, a reflexão total não ocorre, o que é captado por sensores, revelando a posição do objeto. Suponha que se deseje projetar uma tela sensível ao toque que, conforme mostra a figura, funcione com uma fonte luminosa F fixa na borda. A tabela a seguir indica os índices de refração de alguns materiais candidatos à utilização no meio 1.

Material	Índice de refração n_1
A	1,0002
B	1,0003
C	1,1503
D	1,3204
E	1,4889

Tratando o meio 2 sempre como tendo índice de refração $n_2 = 1{,}0003$, o material que permite o maior intervalo de ângulos de incidência que produzem reflexão total é:

(A) Material A.

(B) Material B.

(C) Material C.

(D) Material D.

(E) Material E.

172. (Fuvest - 2025) O fenômeno físico conhecido como iridescência ocorre nas asas de certas espécies de borboletas e caracteriza-se pela variação das cores de acordo com o ângulo de observação. A existência de faixas coloridas na superfície das

asas das borboletas ocorre devido a diferentes formas de superposição entre raios luminosos refletidos por uma fina camada de substância transparente existente na superfície das asas.

Disponível em https://www.pbs.org/wgbh/.

Figura 2.23: Referente à questão 172

Os fenômenos físicos diretamente relacionados com a iridescência são

(A) dilatação e reflexão.

(B) interferência e dilatação.

(C) dissipação e difração.

(D) convecção e dispersão.

(E) reflexão e interferência.

173. (Fuvest - 2023) A figura ilustra de maneira simplificada o fenômeno da dispersão da luz branca ao incidir sobre um prisma de vidro a partir do ar, mostrando apenas raios refratados correspondentes a três cores diferentes. Um fenômeno análogo é responsável pelo aparecimento do arco-íris após uma chuva.

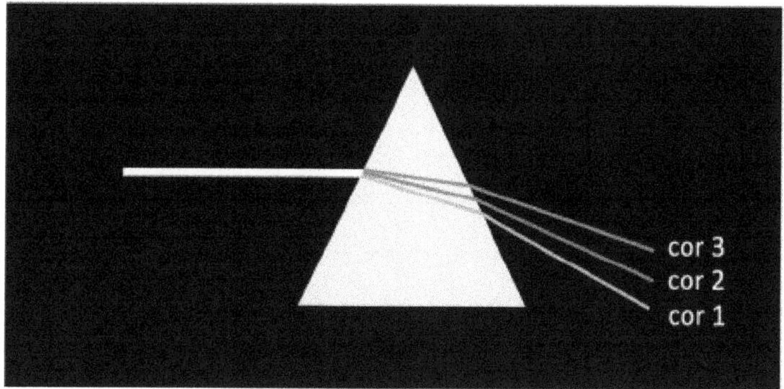

Figura 2.24: Referente à questão 173

Na base do fenômeno da dispersão está a refração de raios luminosos quando incidem sobre uma interface que separa dois meios físicos distintos. A descrição matemática da refração é feita pela lei de Snell, conforme apresentada a seguir:

$$n_{i,\lambda}.\operatorname{sen}\theta_i = n_{r,\lambda}.\operatorname{sen}\theta_r$$

em que:

- $n_{i,\lambda}$ é o índice de refração da luz de comprimento de onda λ no meio incidente,
- θ_i é o ângulo que o raio incidente faz com a reta normal à interface,
- $n_{r,\lambda}$ é o índice de refração da mesma luz no meio refratado e
- θ_r é o ângulo que o raio refratado faz com a reta normal à interface.

O índice de refração do ar pode ser tomado como igual a 1 para qualquer comprimento de onda. Com base nessas informações, a relação correta entre os índices de refração dos raios das cores 1 (n_1), 2 (n_2) e 3 (n_3) no vidro é dada por:

(A) $n_1 = n_2 = n_3 > 1$

(B) $n_1 > n_2 > n_3 > 1$

(C) $1 < n_1 < n_2 < n_3$

(D) $n_1 < n_2 < n_3 < 1$

(E) $1 > n_1 > n_2 > n_3$

174. (PUC - RJ - 2025) Ao entrar em uma sala de espelhos em um parque de diversão, uma criança observa que, no primeiro espelho, a imagem de seu rosto está invertida e menor que o tamanho real. Em um segundo espelho, ela vê sua imagem direita, porém maior que o tamanho real.

O primeiro e o segundo espelho são, respectivamente,

(A) côncavo e côncavo

(B) côncavo e convexo

(C) côncavo e plano

(D) convexo e côncavo

(E) convexo e convexo

175. (PUC - RJ - 2025) Um feixe de luz monocromática, com comprimento de onda de 400 nm, se propaga no vácuo com velocidade $3,0 \times 10^8\ m/s$ e, então, incide em uma placa de vidro transparente, com índice de refração 1,5, como mostrado na Figura.

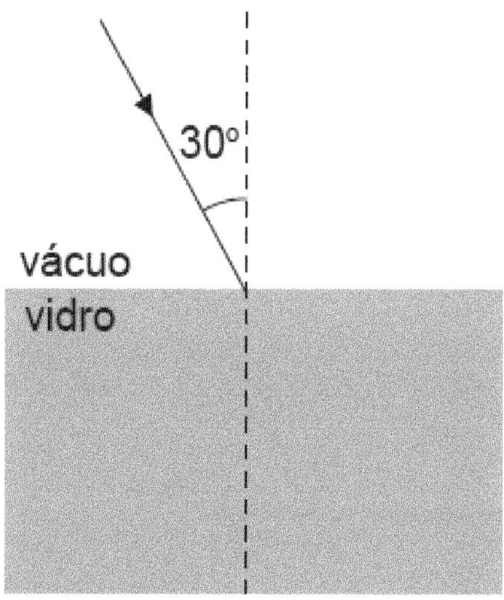

Figura 2.25: Referente à questão 175

Considere as seguintes afirmações sobre a propagação desse feixe de luz dentro do vidro:

I - O comprimento de onda da luz é 600 nm.

II - A luz se propaga em uma direção com ângulo de 45° em relação à direção normal à interface.

III - A luz percorre 20 cm em 10^{-9} segundos.

IV - A velocidade de propagação da luz é aproximadamente 67% da velocidade da luz no vácuo.

É correto APENAS o que se afirma em

(A) I e II

(B) I e III

(C) II e III

(D) II e IV

(E) III e IV

176. (PUC - RJ - 2025) Uma miragem (simulando uma falsa poça d´água) se forma no deserto quando o chão quente aquece o ar próximo, cuja densidade diminui. Assim, a densidade aumenta com a altura. Considerando-se que a linha grossa representa o solo e que o sentido do raio luminoso é indicado pela seta, qual figura representa um raio de luz quando a miragem se forma?

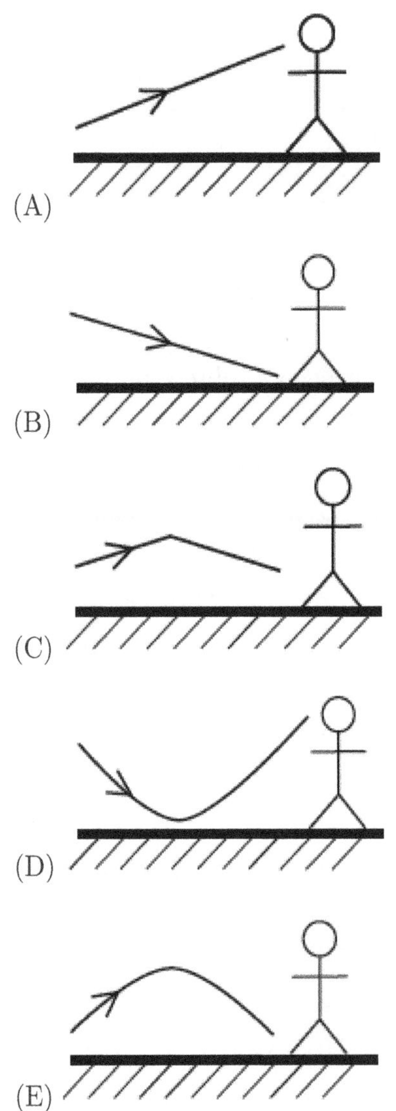

177. (PUC - RJ - 2024) Uma lâmpada está no fundo de uma piscina de profundidade 2,0 m, a uma distância d da borda da piscina. Um rapaz vê a luz saindo da borda da piscina com um ângulo de mirada de 30° em relação à vertical (ver Figura).

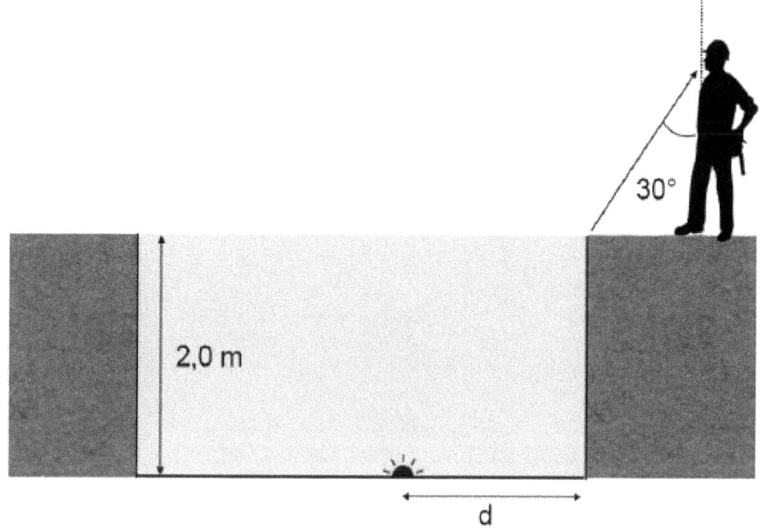

Figura 2.26: Referente à questão 177

Qual é a posição d aproximada da lâmpada, em metros?

Dado

índice de refração do ar = 1,0

índice de refração da água 1,33 $\simeq 4/3$

(A) 0,2

(B) 0,8

(C) 1,1

(D) 1,5

(E) 2,0

178. (PUC - RJ - 2024) Analisando-se a imagem de uma fina haste colocada a 1,0 m do vértice de um espelho esférico, observa-se que a imagem tem comprimento igual à metade do real e está direita (não-invertida). Qual é o tipo de concavidade e o raio, em metros, do espelho?

(A) côncavo e 0,75

(B) côncavo e 1,5

(C) convexo e 0,50

(D) convexo e 1,0

(E) convexo e 2,0

Gabarito	
167	A
168	C
169	C
170	D
171	E
172	E
173	B
174	A
175	E
176	D
177	B
178	E

2.7 Olho Humano

179. (UERJ - Exame Único - 2023)

Uma pessoa com dificuldade em enxergar com nitidez objetos próximos a seu rosto consulta uma oftalmologista, que prescreve a utilização de lentes com vergência de 4,0 di. A distância focal, em centímetros, dessas lentes é:

(A) 10,0

(B) 15,0

(C) 20,0

(D) 25,0

180. (Fuvest - 2021) O olho humano constitui uma complexa estrutura capaz de controlar a luz recebida e produzir imagens nítidas. Em pessoas com visão normal, o olho é capaz de acomodar o cristalino para focalizar sobre a retina a luz que vem dos objetos, desde que não estejam muito próximos. Pessoas míopes, por outro lado, apresentam dificuldades em enxergar de longe. Ao focalizar objetos situados além do chamado ponto remoto (PR), a imagem forma-se à frente da retina conforme ilustrado na figura.

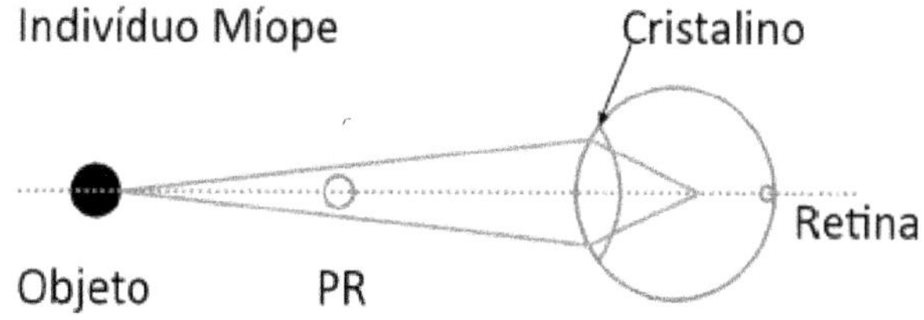

Figura 2.27: Referente à questão 180

Neste caso, as lentes corretivas são necessárias a fim de que o indivíduo observe o objeto de forma nítida.

Qual arranjo esquemático melhor descreve a correção realizada por uma lente receitada por um oftalmologista no caso de um indivíduo míope?

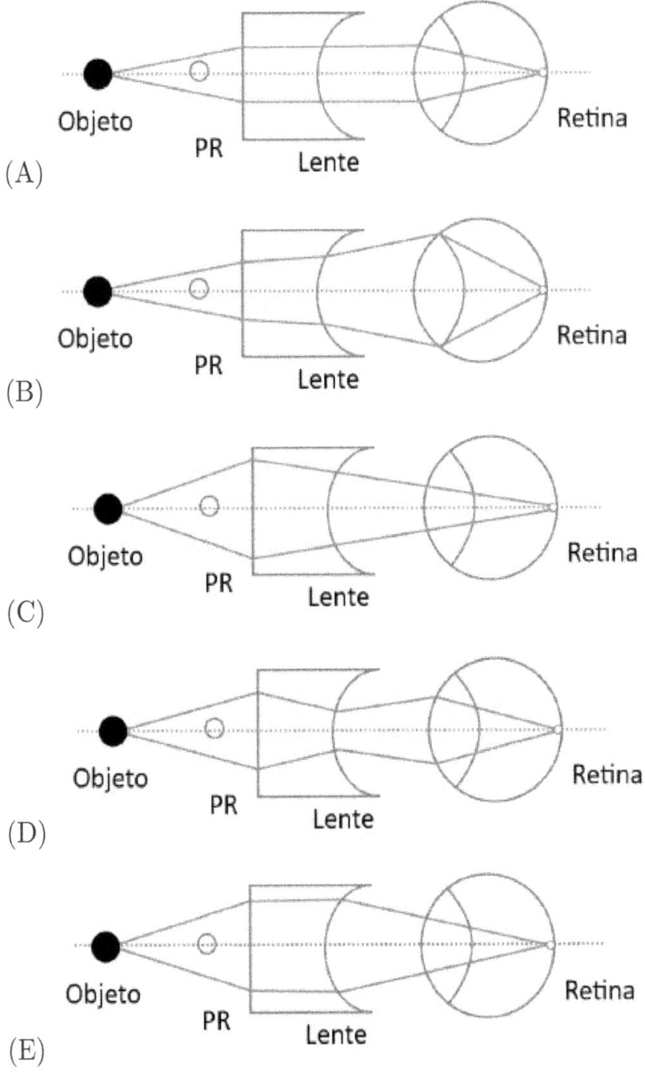
Objeto
PR
Lente
Retina
(A)
Objeto
PR
Lente
Retina
(B)
Objeto
PR
Lente
Retina
(C)
Objeto
PR
Lente
Retina
(D)
Objeto
PR
Lente
Retina
(E)

Gabarito	
179	D
180	B

.

2.8 Ondas - Acústica

181. (Enem - 2024) A saúde do professor: acústica arquitetônica Dentre os parâmetros acústicos que afetam a inteligibilidade dos sons emitidos em ambientes fechados, destacam-se o ruído de fundo do ambiente e o decréscimo do nível sonoro com a distância da fonte emissora. Assim, sentar-se no fundo da sala de aula pode prejudicar a aprendizagem dos estudantes, por impedir que eles distingam, com precisão, os sons emitidos, diminuindo a inteligibilidade da fala de seus professores. Considere a situação exemplificada pelo infográfico: à distância de 1 metro, o nível sonoro da fala de um professor é de 60 dB e diminui com a distância. Considere, ainda, que o ruído de fundo nessa sala de aula pode chegar a 45 dB e que, para ser compreendida, o nível sonoro da fala do professor deve estar 5 dB acima desse ruído.

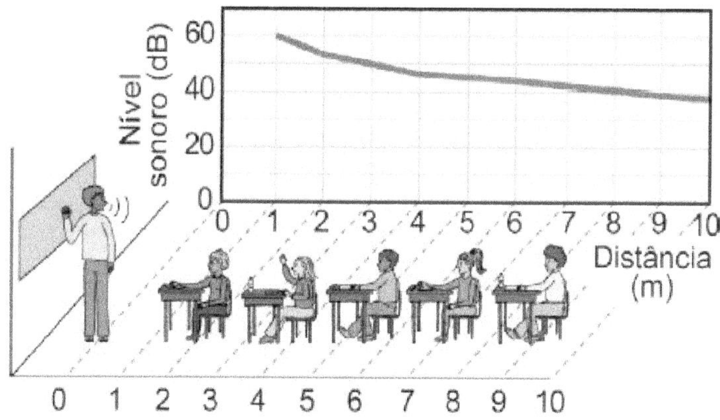

Figura 2.28: Referente à questão 181

Para um valor máximo do ruído de fundo, a maior distância que um estudante pode estar do professor para que ainda consiga compreender sua fala é mais próxima de

(A) 3,0 m.

(B) 4,5 m.

(C) 6,5 m.

(D) 8,0 m.

(E) 9,5 m.

182. (Enem - 2024) Uma ambulância em alta velocidade com a sirene ligada desloca-se em direção a um radar operado por uma pessoa. O radar emite ondas de rádio com frequência f_0 que são refletidas pela dianteira da ambulância, retornando para o detector com frequência f_r. A percepção do operador do radar, em relação ao som emitido pela sirene, é de que este se altera à medida que a ambulância se aproxima ou se afasta. Durante a aproximação, como o operador percebe o som da sirene e qual é a relação entre as frequências f_r e f_0 medidas pelo radar?

(A) Mais grave do que o som emitido e $f_r < f_0$.

(B) Mais agudo do que o som emitido e $f_r < f_0$.

(C) Mais agudo do que o som emitido e $f_r = f_0$.

(D) Mais agudo do que o som emitido e $f_r > f_0$.

(E) Mais grave do que o som emitido e $f_r > f_0$.

183. (Enem - 2023) Na tirinha de Mauricio de Sousa, os personagens Cebolinha e Cascão fazem uma brincadeira utilizando duas latas e um barbante. Ao perceberem que o som pode ser transmitido através do barbante, resolvem alterar o comprimento do barbante para ficar cada vez mais extenso. As demais condições permaneceram inalteradas durante a brincadeira.

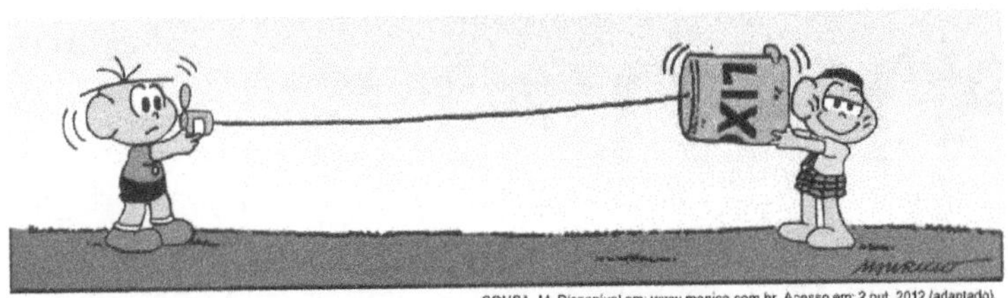

SOUSA, M. Disponível em: www.monica.com.br. Acesso em: 2 out. 2012 (adaptado).

Figura 2.29: Referente à questão 183

Na prática, à medida que se aumenta o comprimento do barbante, ocorre a redução de qual característica da onda sonora?

(A) Altura.

(B) Período

(C) Amplitude.

(D) Velocidade.

(E) Comprimento de onda.

184. (Enem - 2023) O bluetooth é uma tecnologia de comunicação sem fio, de curto alcance, presente em diferentes dispositivos eletrônicos de consumo. Ela permite que aparelhos eletrônicos diferentes se conectem e troquem dados entre si. No padrão bluetooth, denominado de Classe 2, as antenas transmitem sinais de potência igual a 2,4 mW e possibilitam conectar dois dispositivos distanciados até 10 m. Considere que essas antenas se comportam como fontes puntiformes que emitem ondas eletromagnéticas esféricas e que a intensidade do sinal é calculada pela potência por unidade de área. Considere 3 como valor aproximado para π.

Para que o sinal de bluetooth seja detectado pelas antenas, o valor mínimo de sua intensidade, em ω/m^2 , é mais próximo de

(A) $2,0 \times 10^{-6}$

(B) $2,0 \times 10^{-5}$

(C) $2,4 \times 10^{-5}$

(D) $2,4 \times 10^{-3}$

(E) $2,4 \times 10^{-1}$

185. (Enem - 2023) O petróleo é uma matéria-prima muito valiosa e métodos geofísicos são úteis na sua prospecção. É possível identificar a composição de materiais estratificados medindo-se a velocidade de propagação do som (onda mecânica) através deles. Considere que uma camada de 450 m de um líquido se encontra presa no subsolo entre duas

camadas rochosas, conforme o esquema. Um pulso acústico (que gera uma vibração mecânica) é emitido a partir da superfície do solo, onde são posteriormente recebidas duas vibrações refletidas (ecos). A primeira corresponde à reflexão do pulso na interface superior do líquido com a camada rochosa. A segunda vibração deve-se à reflexão do pulso na interface inferior. O tempo entre a emissão do pulso e a chegada do primeiro eco é de 0,5 s. O segundo eco chega 1,1 s após a emissão do pulso.

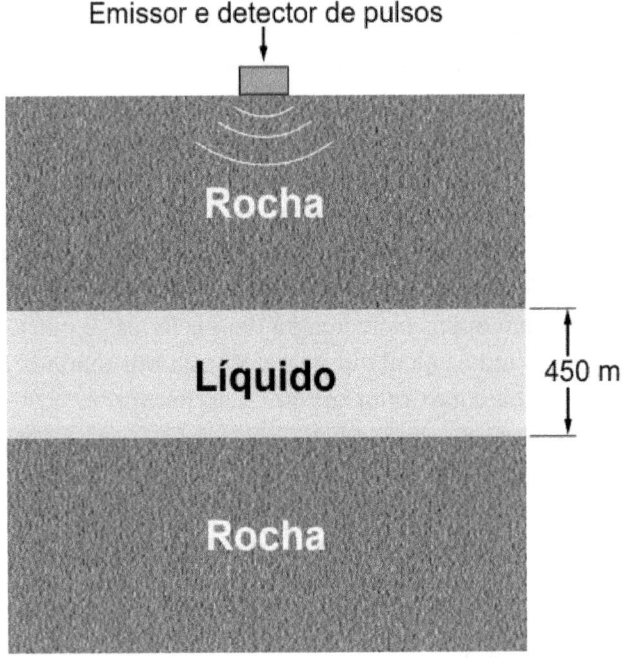

Figura 2.30: Referente à questão 185

A velocidade do som na camada líquida, em metro por segundo, é

(A) 270.

(B) 540.

(C) 818.

(D) 1 500.

(E) 1 800.

186. (Enem - 2023) comum em viagens de avião sermos solicitados a desligar aparelhos cujo funcionamento envolva a emissão ou a recepção de ondas eletromagnéticas, como celulares. A justificativa dada para esse procedimento é, entre outras coisas, a necessidade de eliminar fontes de sinais eletromagnéticos que possam interferir nas comunicações, via rádio, dos pilotos com a torre de controle.

   Essa interferência poderá ocorrer somente se as ondas emitidas pelo celular e as recebidas pelo rádio do avião

   (A) forem ambas audíveis.

   (B) tiverem a mesma potência.

   (C) tiverem a mesma frequência.

   (D) tiverem a mesma intensidade.

   (E) propagarem-se com velocidades diferentes.

187. (Enem - 2023) Os raios cósmicos são fontes de radiação ionizante potencialmente perigosas para o organismo humano. Para quantificar a dose de radiação recebida, utiliza-se o sievert (Sv), definido como a unidade de energia recebida por unidade de massa. A exposição à radiação proveniente de raios cósmicos aumenta com a altitude, o que pode representar um problema para as tripulações de aeronaves. Recentemente, foram realizadas medições acuradas das doses de radiação ionizante para voos entre Rio de Janeiro e Roma. Os resultados têm indicado que a dose média de radiação recebida na fase de cruzeiro (que geralmente representa 80% do tempo total de voo) desse trecho intercontinental é $2\mu Sv/h$. As normas internacionais da aviação civil limitam em 1 000 horas por ano o tempo de trabalho para as tripulações que atuem em voos intercontinentais. Considere que a dose de radiação ionizante para uma radiografia torácica é estimada em 0,2 mSv

   RUAS, A. C. O tripulante de aeronaves e a radiação ionizante. São Paulo: Edição do Autor, 2019 (adaptado).

A quantas radiografias torácicas corresponde a dose de radiação ionizante à qual um tripulante que atue no trecho Rio de Janeiro-Roma é exposto ao longo de um ano?

(A) 8

(B) 10

(C) 80

(D) 100

(E) 1000

188. (Enem - 2022) O sinal sonoro oriundo da queda de um grande bloco de gelo de uma geleira é detectado por dois dispositivos situados em um barco, sendo que o detector A está imerso em água e o B, na proa da embarcação. Sabe-se que a velocidade do som na água é de 1540 m/s e no ar é de 340 m/s.

Figura 2.31: Referente à questão 188

Os gráficos indicam, em tempo real, o sinal sonoro detectado pelos dois dispositivos, os quais foram ligados simultaneamente em um instante anterior à queda do bloco de gelo. Ao comparar pontos correspondentes desse sinal em cada dispositivo, é possível obter informações sobre a onda sonora.

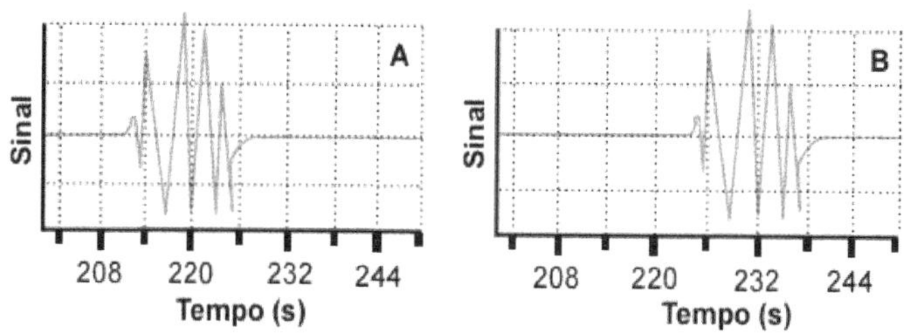

Figura 2.32: Referente à questão 188

A distância L, em metro, entre o barco e a geleira é mais próxima de

(A) 339 000.

(B) 78 900.

(C) 14 400.

(D) 5 240.

(E) 100.

189. (Enem - 2021) O eletrocardiograma é um exame cardíaco que mede a intensidade dos sinais elétricos advindos do coração. A imagem apresenta o resultado típico obtido em um paciente saudável e a intensidade do sinal (V_{EC}) em função do tempo.

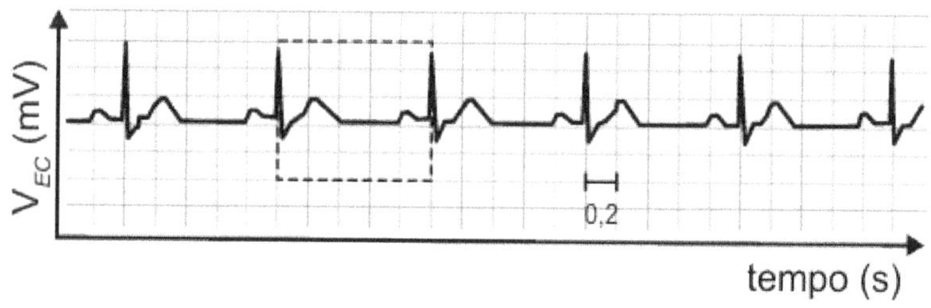

Figura 2.33: Referente à questão 189

De acordo com o eletrocardiograma apresentado, qual foi o número de batimentos cardíacos por minuto desse paciente durante o exame?

(A) 30

(B) 60

(C) 100

(D) 120

(E) 180

190. (Enem - 2021) O sino dos ventos é composto por várias barras metálicas de mesmo material e espessura, mas de comprimento diferentes, conforme a figura.

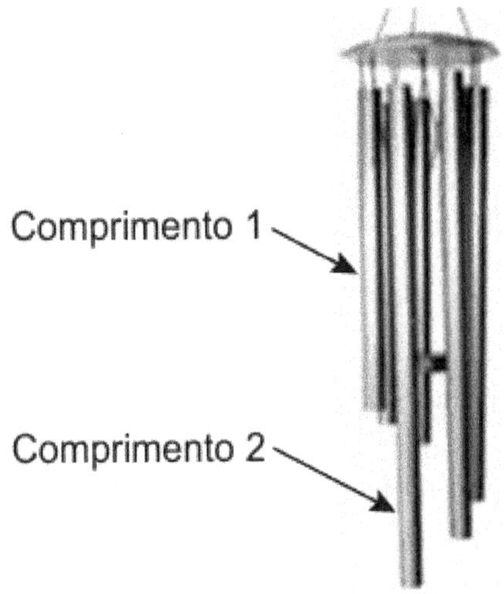

Figura 2.34: Referente à questão 190

Considere f_1 e V_1, respectivamente, como a frequência fundamental e a velocidade de propagação do som emitido pela barra de menor comprimento, e f_2 e V_2 mesmas grandezas para o som emitido pela barra de maior comprimento.

As relações entre as frequências fundamentais e entre as velocidades de propagação são, respectivamente,

(A) $f_1 < f_2$ e $V_1 < V_2$.

(B) $f_1 < f_2$ e $V_1 = V_2$.

(C) $f_1 < f_2$ e $V_1 > V_2$.

(D) $f_1 > f_2$ e $V_1 = V_2$.

(E) $f_1 > f_2$ e $V_1 > V_2$.

191. (Enem - 2020) Os fones de ouvido tradicionais transmitem a música diretamente para os nossos ouvidos. Já os modelos dotados de tecnologia redutora de ruído — Cancelamento de Ruído (CR) — além de transmitirem música, também reduzem todo ruído inconsistente à nossa volta, como o barulho de turbinas de avião e aspiradores de pó. Os fones de ouvido CR não reduzem realmente barulhos irregulares como discursos e choros de bebês. Mesmo assim, a supressão do ronco das turbinas do avião contribui para reduzir a "fadiga de ruído", um cansaço persistente provocado pela exposição a um barulho alto por horas a fio. Esses aparelhos também permitem que nós ouçamos músicas ou assistamos a vídeos no trem ou no avião a um volume muito menor (e mais seguro).

Disponível em: http://tecnologia.uol.com.br. Acesso em: 21 abr. 2015 (adaptado).

A tecnologia redutora de ruído CR utilizada na produção de fones de ouvido baseia-se em qual fenômeno ondulatório?

(A) Absorção.

(B) Interferência.

(C) Polarização.

(D) Reflexão.

(E) Difração.

192. (Enem - 2020) Dois engenheiros estão verificando se uma cavidade perfurada no solo está de acordo com o planejamento de uma obra, cuja profundidade requerida é de 30 m. O teste é feito por um dispositivo denominado oscilador de áudio de frequência variável, que permite relacionar a profundidade com os valores da frequência de duas ressonâncias consecutivas, assim como em um tubo sonoro fechado. A menor frequência de ressonância que o aparelho mediu foi 135 Hz.

Considere que a velocidade do som dentro da cavidade perfurada é de 360 m/s.

Se a profundidade estiver de acordo com o projeto, qual será o valor da próxima frequência de ressonância que será medida?

(A) 137 Hz

(B) 138 Hz

(C) 141 Hz

(D) 144 Hz

(E) 159 Hz

193. (Fuvest - 2024) Um experimento de demonstração sobre ondas estacionárias faz uso de uma canaleta disposta horizontalmente, contendo grãos de areia fina e seca. Abaixo da canaleta, posiciona-se um alto-falante que transmite um som, produzindo, na canaleta, uma vibração, associada a uma onda estacionária com um comprimento de onda bem definido. O diagrama representa uma imagem digitalizada dos grãos de areia depositados na base da canaleta em um certo instante. Utilize a régua da figura, graduada em centímetros, para assinalar a alternativa que apresenta a melhor aproximação para o valor do comprimento de onda da vibração em questão.

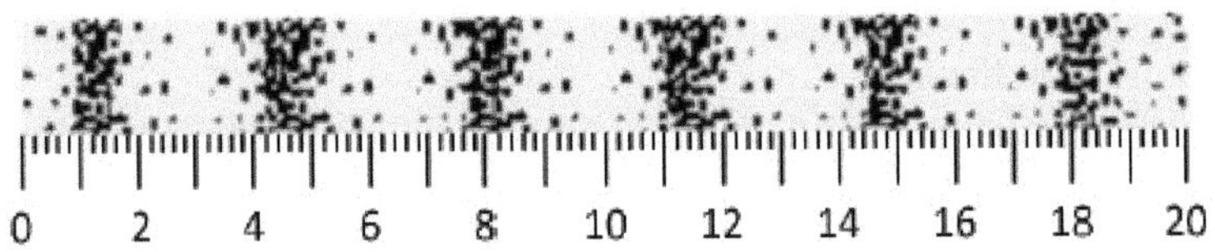

Figura 2.35: Referente à questão 193

Note e adote: Os grãos de areia tendem naturalmente a se acumular em torno dos pontos nos quais o deslocamento transversal da canaleta é nulo.

(A) 1,2 cm

(B) 5,1 cm

(C) 6,8 cm

(D) 11,3 cm

(E) 18,1 cm

194. (Fuvest - 2021) os smartphones modernos vêm equipados com um acelerômetro, dispositivo que mede acelerações a que o aparelho está submetido.

o gráfico foi gerado a partir dos dados extraídos por um aplicativo do acelerômetro de um smartphone pendurado por um fio e colocado para oscilar sob a ação da gravidade. O gráfico mostra os dados de uma das componentes da aceleração (corrigidos por um valor de referência constante) em função do tempo.

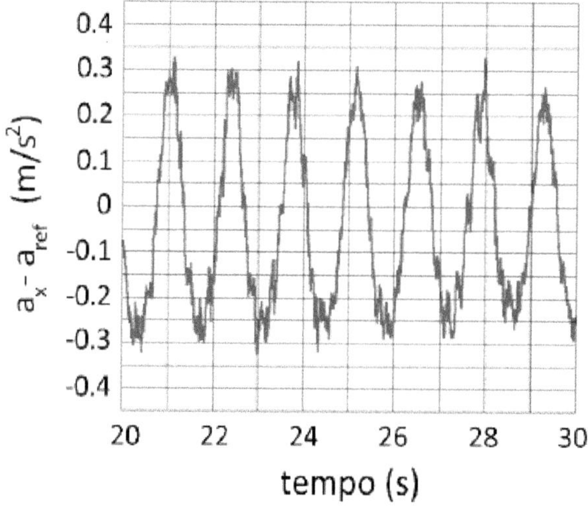

Figura 2.36: Referente à questão 194

Com base nos dados do gráfico e considerando que o movimento do smartphone seja o de um pêndulo simples a ângulos pequenos, o comprimento do fio é de aproximadamente:

Note e adote:

Use $\pi = 3$

g = 10 m/s^2

(A) 5 cm

(B) 10 cm

(C) 50 cm

(D) 100 cm

(E) 150 cm

195. (Fuvest - 2021) Ondas estacionárias podem ser produzidas de diferentes formas, dentre elas esticando-se uma corda homogênea, fixa em dois pontos separados por uma distância L, e pondo-a a vibrar. A extremidade à direita é acoplada a um gerador de frequências, enquanto a outra extremidade está sujeita a uma força tensional produzida ao se pendurar à corda um objeto de massa m_0 mantido em repouso. O arranjo experimental é ilustrado na figura. Ajustando a frequência do gerador para f_1, obtém-se na corda uma onda estacionária que vibra em seu primeiro harmônico.

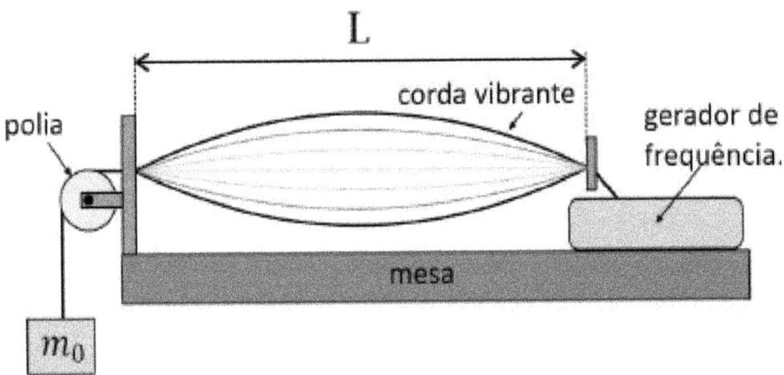

Figura 2.37: Referente à questão 195

Ao trocarmos o objeto pendurado por outro de massa M, observa-se que a frequência do gerador para que a corda continue a vibrar no primeiro harmônico deve ser ajustada pa $2f_1$. Com isso, é correto concluir que a razão M/m_0 deve ser:

Note a adote:

A velocidade da onda propagando-se em uma corda é diretamente proporcional a raiz quadrada da tensão sob a qual a corda está submetida.

(A) 1/4

(B) 1/2

(C) 1

(D) 2

(E) 4

196. (Fuvest - 2020) A transmissão de dados de telefonia celular por meio de ondas eletromagnéticas está sujeita a perdas que aumentam com a distância d entre a antena transmissora e a antena receptora. Uma aproximação frequentemente usada para expressar a perda L, em decibéis (dB), do sinal em função de d, no espaço livre de obstáculos, é dada pela expressão

$$L = 20\ Log_{10}\left(\frac{4\pi d}{\lambda}\right)$$

em que λ é o comprimento de onda do sinal. O gráfico a seguir mostra L (em dB) versus d (em metros) para um determinado comprimento de onda λ.

Com base no gráfico, a frequência do sinal é aproximadamente

Note e adote:

Velocidade da luz no vácuo: $c = 3 \times 10^8\ m/s$;

$\pi \simeq 3$;

$1\ GHz = 10^9\ Hz$.

(A) 2,5 GHz

(B) 5 GHz

(C) 12 GHz

(D) 40 GHz

(E) 100 GHz

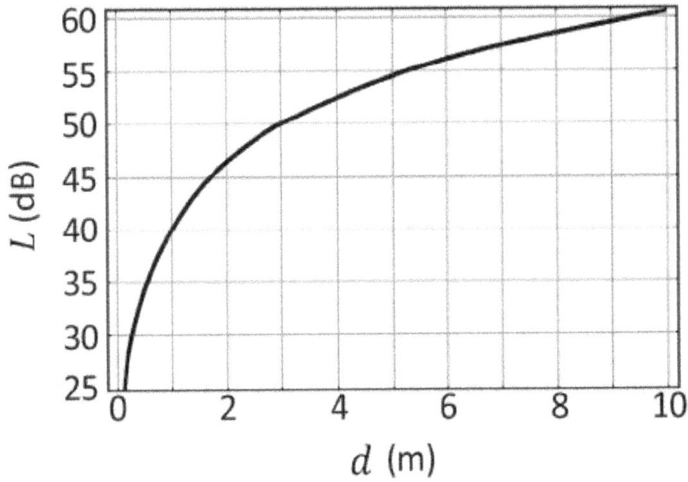

Figura 2.38: Referente à questão 196

197. (PUC - RJ - 2025) Uma onda estacionária se forma em uma corda de violão em seu harmônico principal. Sabe-se que o comprimento da corda do violão é 55 cm. Qual é o comprimento de onda, em metros, dessa onda?

(A) 0,275

(B) 0,55

(C) 1,1

(D) 2,2

(E) 11,0

198. (PUC - RJ - 2024) As ondas eletromagnéticas, ao contrário do som, podem se propagar na ausência de meio material, ou seja, no vácuo, onde têm velocidade c $= 3,0 \times 10^8$ m/s. Observe as afirmações a seguir relativas às ondas eletromagnéticas.

I - Dentro da água, com índice de refração igual a 1,33, a velocidade da luz é aproximadamente $2,3 \times 10^8$ m/s.

II - As ondas eletromagnéticas são ondas longitudinais.

III - Um feixe de luz com comprimento de onda no vácuo igual a $6,0 \times 10^{-7}$ m terá comprimento de onda igual a $9,0 \times 10^{-7}$ m ao se propagar dentro do vidro, que tem índice de refração igual a 1,5.

Está correto APENAS o que se afirma em

(A) I

(B) II

(C) III

(D) I e II

(E) I e III

Gabarito	
181	A
182	D
183	C
184	A
185	D
186	C
187	A
188	D
189	B
190	D
191	B
192	C
193	C
194	C
195	E
196	A
197	C
198	A

Capítulo 3

Física 3

3.1 Eletrização

199. (Enem - 2020)

Figura 3.1: Referente à questão 199

Por qual motivo ocorre a eletrização ilustrada na tirinha?

(A) Troca de átomos entre a calça e os pelos do gato.

(B) Diminuição do número de prótons nos pelos do gato.

(C) Criação de novas partículas eletrizadas nos pelos do gato.

(D) Movimentação de elétrons entre a calça e os pelos do gato.

(E) Repulsão entre partículas elétricas da calça e dos pelos do gato.

200. (Fuvest - 2021) Dois balões negativamente carregados são utilizados para induzir cargas em latas metálicas, alinhadas e em contato, que inicialmente, estavam eletricamente neutras.

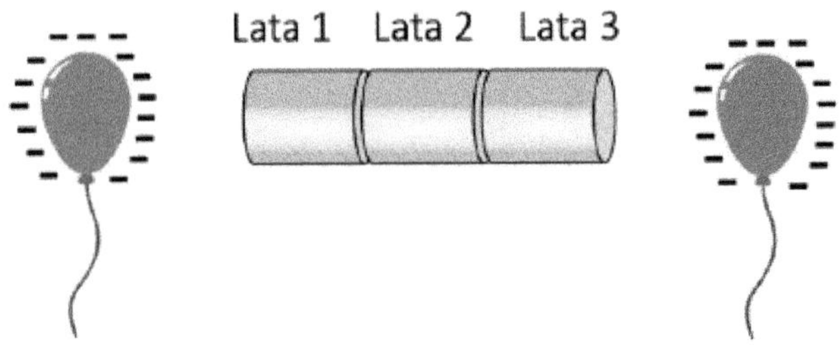

Figura 3.2: Referente à questão 200

Conforme mostrado na figura, os balões estão próximos, mas jamais chegam a tocar as latas. Nessa configuração, as latas 1, 2 e 3 terão, respectivamente, carga total:

Note e adote:

O contato entre dois objetos metálicos permite a passagem de cargas elétricas entre um e outro.

Suponha que o ar no entorno seja um isolante perfeito.

(A) 1: zero; 2: negativa; 3: zero

(B) 1: positiva; 2: zero; 3: positiva

(C) 1: zero; 2: positiva; 3: zero

(D) 1: positiva; 2: negativa; 3: positiva

(E) 1: zero; 2: zero; 3: zero

201. (PUC - RJ - 2024) Na Figura abaixo, há um sistema formado por duas partículas pontuais com cargas elétricas $+2Q$ e $-Q$, unidas por uma pequena haste sem massa de comprimento a. Uma outra carga $+Q$ é colocada a uma distância a de $-Q$.

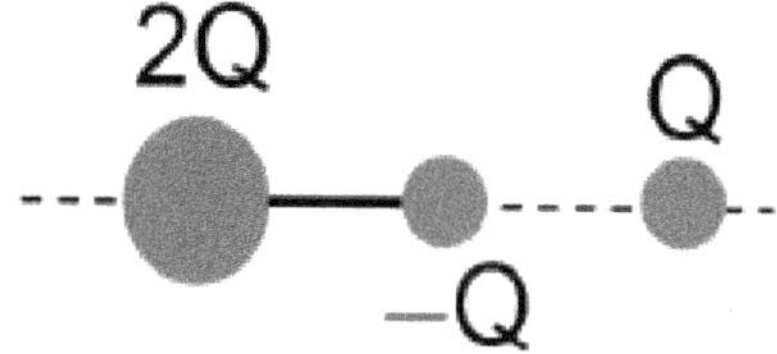

Figura 3.3: Referente à questão 201

Se F é a força eletrostática entre o sistema e a carga $+Q$, então F

Dado

k é a constante eletrostática

(A) é repulsiva e $|F| = kQ^2/a^2$

(B) é atrativa e $|F| = 2kQ^2/a^2$

(C) é atrativa e $|F| = kQ^2/(2a^2)$

(D) é repulsiva e $|F| = kQ^3/(2a^2)$

(E) não é atrativa nem repulsiva e $|F| = 0$

Gabarito	
199	D
200	D
201	C

3.2 Eletrostática

202. (UERJ - 2EQ - 2024) Para o funcionamento da célula, unidade fundamental da vida, é necessário que partículas carregadas se desloquem entre os meios intra e extracelular. Esse deslocamento ocorre através de túneis denominados canais iônicos. Esse processo se baseia na diferença do seguinte fator entre os meios intra e extracelular:

    (A) massa

    (B) temperatura

    (C) potencial elétrico

    (D) pressão hidrostática

203. (UERJ - 2EQ - 2019) Na ilustração, estão representados os pontos I, II, III e IV em um campo elétrico uniforme.

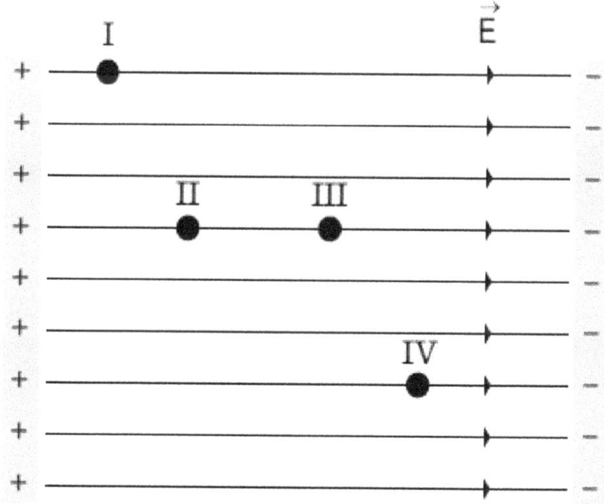

Figura 3.4: Referente à questão 203

Uma partícula de massa desprezível e carga positiva adquire a maior energia potencial elétrica possível se for colocada no ponto:

(A) I

(B) II

(C) III

(D) IV

204. (Enem - 2024) Em um experimento de laboratório, duas barras metálicas, A e B, são carregadas com cargas opostas e imersas em óleo. Farelo de milho é jogado sobre o óleo e, após um certo tempo, o farelo assume o formato das linhas de campo elétrico entre as barras. A figura representa a vista superior desse experimento.

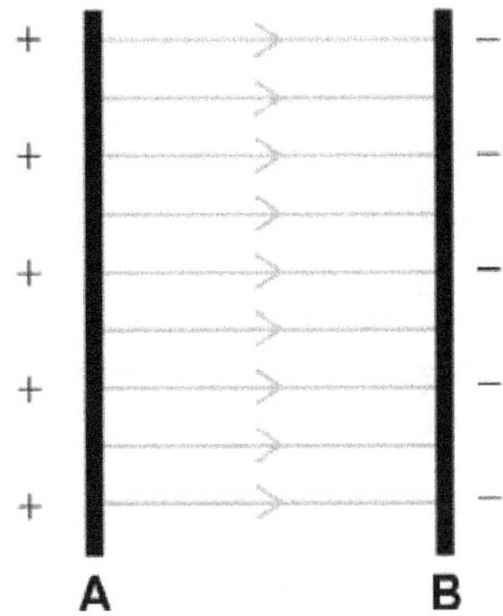

Figura 3.5: Referente à questão 204

ALMEIDA, M. A. T. Introdução às ciências físicas 2 — volume 4: módulo 4. Rio de Janeiro: Fundação CECIERJ, 2007 (adaptado).

Ao repetir o experimento colocando um cilindro metálico oco entre as placas, o esquema que representa o formato das linhas de campo assumido pelo farelo é:

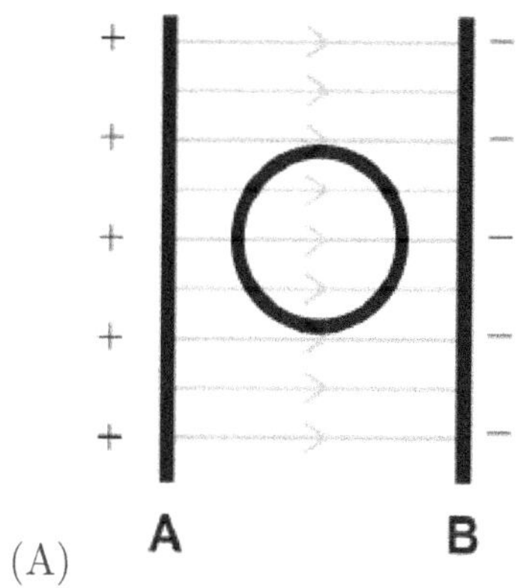

(A)

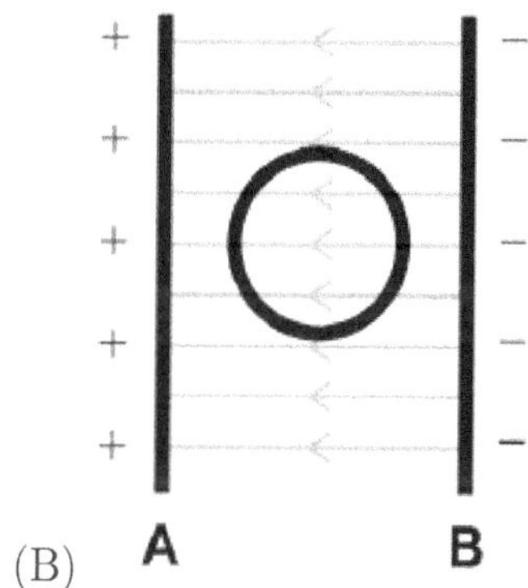

(B)

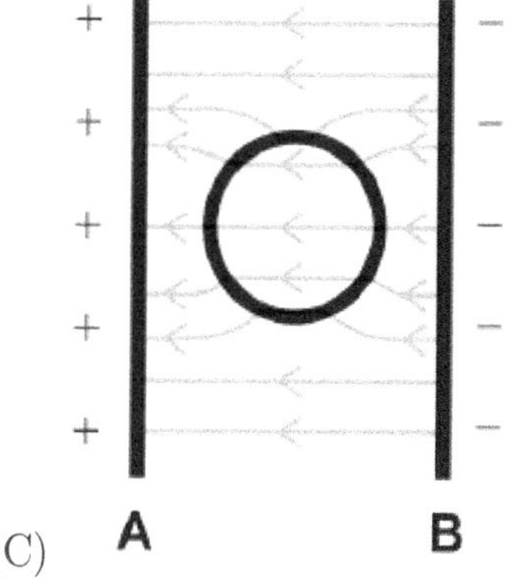

(C)

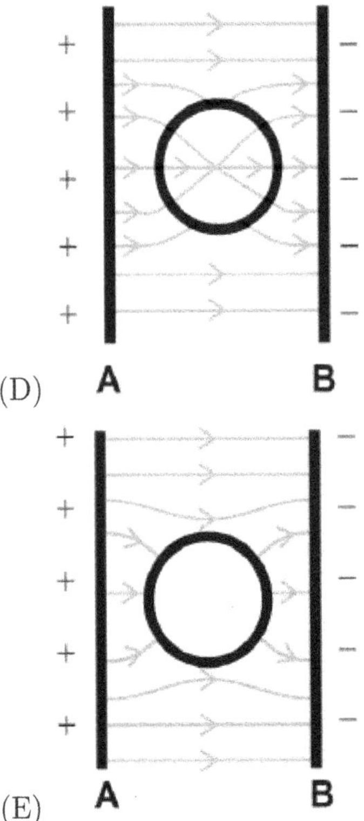

205. (Fuvest - 2024) Como ilustrado pela foto, o gerador de Van de Graaf, equipamento popular em parques de ciência, permite o acúmulo de cargas elétricas em uma cúpula metálica. A distribuição de cargas na cúpula de um desses geradores, quando ninguém a toca, pode ser considerada esférica. Dois desses geradores, A e B, estão separados por uma certa distância. O gerador A contém uma carga +Q, e o gerador B, uma carga +2Q, com Q > 0.

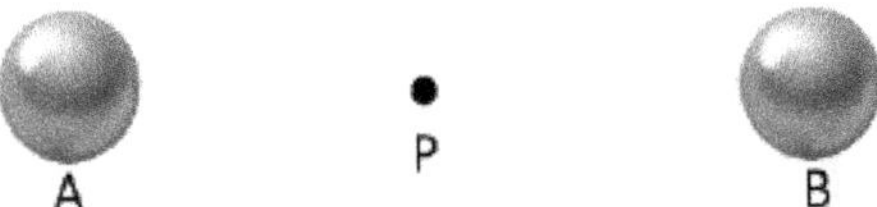

Entre as alternativas, assinale aquela que melhor corresponde ao vetor campo elétrico resultante produzido pelos geradores no ponto médio P entre eles.

Figura 3.6: Referente à questão 205

(A) $\rightarrow$

(B) $\uparrow$

(C) $\leftarrow$

(D) $\downarrow$

(E) nulo

206. (Fuvest - 2021) Uma esfera metálica de massa m e carga elétrica $+q$ descansa sobre um piso horizontal isolante, em uma região em que há um campo elétrico uniforme e também horizontal, de intensidade E, conforme mostrado na figura. Em certo instante, com o auxílio de uma barra isolante, a esfera é erguida ao longo de uma linha vertical, com velocidade constante e contra a ação da gravidade, a uma altura total h, sem nunca abandonar a região de campo elétrico uniforme.

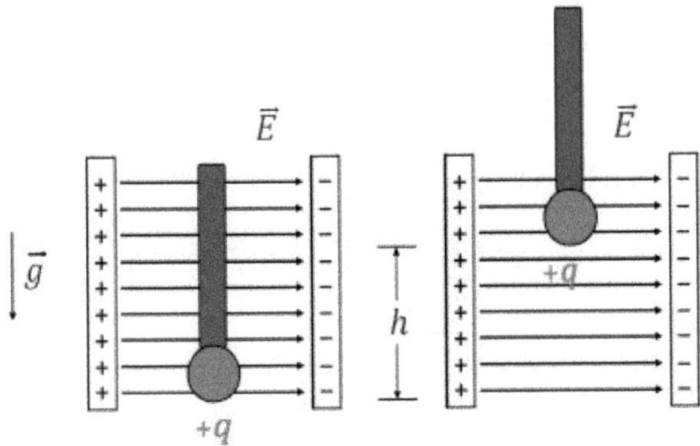

Figura 3.7: Referente à questão 206

Ao longo do movimento descrito, os trabalhos realizados pela força gravitacional e pela força elétrica sobre a esfera são, respectivamente:

(A) mgh e qEh

(B) $-mgh$ e 0

(C) 0 e $-qEh$

(D) $-mgh$ e $-qeh$

(E) mgh e 0

207. (PUC - RJ - 2025) A respeito de cargas elétricas e magnéticas, analise as afirmativas a seguir.

I - Os monopolos magnéticos (cargas magnéticas) podem ser encontrados isolados na natureza.

II - Dobrando-se a distância entre duas cargas elétricas, reduz-se a força eletrostática entre elas para 1/4 do valor inicial.

III - Dobrando-se a distância entre duas cargas elétricas, reduz-se a energia eletrostática entre elas para 1/2 do valor inicial.

É correto APENAS o que se afirma em

(A) I

(B) II

(C) III

(D) I e II

(E) II e III

208. (PUC - RJ - 2025) A energia potencial eletrostática de um sistema de 3 cargas pontuais, situadas nos vértices de um triângulo equilátero de lado L, é 10 mJ.

Ao dobrar a medida de L e os módulos dessas cargas, a energia eletrostática, em milijoule, passará a ser

(A) 160

(B) 80

(C) 40

(D) 20

(E) 10

209. (PUC - RJ - 2025) Em uma região do espaço, o campo elétrico é dado pela soma de dois vetores: $\vec{E}_1 = (E, 0, 0)$ e $\vec{E}_2$. Desprezando-se todas as forças não eletrostáticas, observa-se que uma carga Q, ao entrar nessa região com velocidade $\vec{V}$, permanece em movimento uniforme.

Nesse contexto, $\vec{E}_2$ é dado por

(A) (0,0,-E)

(B) (0,-E,0)

(C) (0,E,0)

(D) (-E,0,0)

(E) (E,0,0)

Gabarito	
202	C
203	A
204	E
205	C
206	B
207	E
208	D
209	D

3.3 Corrente Elétrica

210. (UERJ - 2EQ - 2025)

Figura 3.8: Referente à questão 210

Oppenheimer, vencedor do Oscar de melhor filme em 2024, retrata o desenvolvimento das duas primeiras bombas atômicas, produzidas pelos Estados Unidos, no contexto da Segunda Guerra Mundial. A energia liberada pelos dispositivos nucleares, lançados nas cidades de Hiroshima e Nagasaki em 1945, foi capaz de provocar a morte de milhares de pessoas, em função de seu poder destrutivo, oriundo das reações nucleares em cadeia conduzidas por nêutrons.

Adaptado de cartacapital.com.

Considere que toda a energia liberada em um intervalo de tempo de 1 s pelas duas bombas corresponde a $1,5 \times 10^{14}$ J.

O gráfico que representa a potência média dessas bombas ao explodirem é:

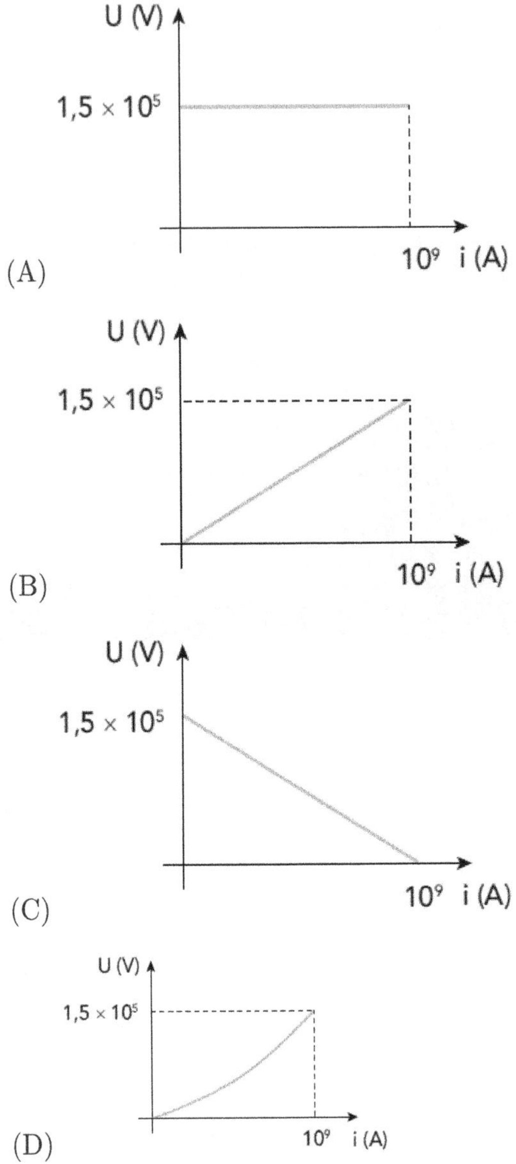

211. (UERJ - 2EQ - 2025) Para determinar a potência dissipada por um equipamento industrial, verificou-se a relação entre a corrente elétrica i, em ampères, e a tensão U, em volts, aferidas no circuito. O valor da tensão x, correspondente à corrente de 5 A, não foi registrada, conforme indica o gráfico.

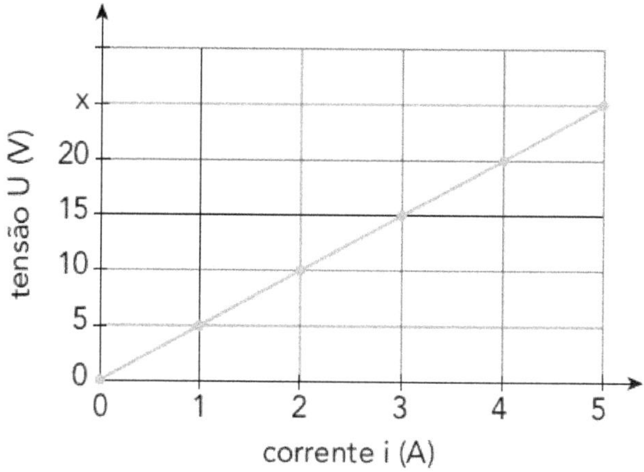

Figura 3.9: Referente à questão 211

Nesse circuito, quando i = 5 A, a potência instantânea dissipada pelo equipamento, em watts, é igual a:

(A) 125

(B) 150

(C) 175

(D) 200

212. (UERJ - 1EQ - 2025) Considere o gráfico abaixo, que representa a variação da corrente elétrica i, em ampères, em função do tempo t, em segundos, observada nos condutores X e Y.

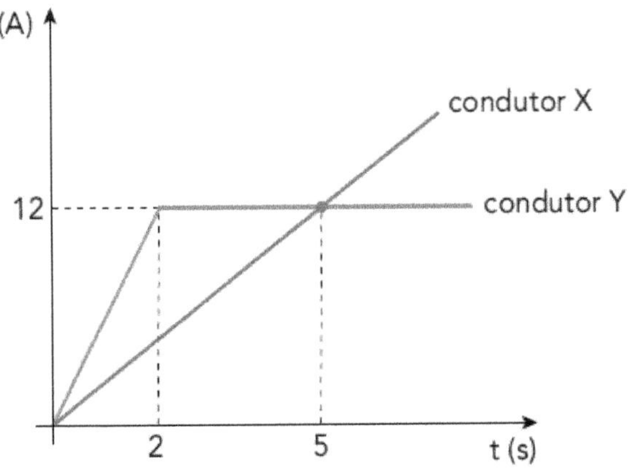

Figura 3.10: Referente à questão 212

Sabe-se que Q_X e Q_Y correspondem aos valores da carga elétrica que passa por uma seção transversal de cada condutor. Quando t = 5 s, o módulo da diferença entre Q_X e Q_Y, em coulombs, é igual a:

(A) 22

(B) 20

(C) 18

(D) 16

213. (UERJ - Exame Único - 2023) Uma turma de estudantes do ensino médio recebeu a tarefa de verificar a corrente elétrica que se estabelece em quatro aparelhos distintos: uma geladeira, um ferro elétrico, um ar-condicionado e um chuveiro elétrico. Para solucionar a tarefa, foram informados os valores da potência elétrica e da tensão de cada equipamento, conforme consta na tabela abaixo.

APARELHO	POTÊNCIA (W)	TENSÃO (V)
Geladeira	360	120
Ferro elétrico	2520	120
Ar-condicionado	3300	220
Chuveiro elétrico	4400	220

A partir das informações disponíveis, a turma concluiu que a maior corrente elétrica se estabelece no seguinte aparelho:

(A) geladeira

(B) ferro elétrico

(C) ar-condicionado

(D) chuveiro elétrico

214. (UERJ - 2EQ - 2020) O impulso nervoso, ou potencial de ação, é uma consequência da alteração brusca e rápida da diferença de potencial transmembrana dos neurônios. Admita que a diferença de potencial corresponde a $0,07V$ e a intensidade da corrente estabelecida, a $7,0 \times 10^{-6}A$.

A ordem de grandeza da resistência elétrica dos neurônios, em ohms, equivale a:

(A) 10^2

(B) 10^3

(C) 10^4

(D) 10^5

215. (UERJ - 1EQ - 2020) Em um experimento, quatro condutores, I, II, III e IV, constituídos por metais diferentes e com mesmo comprimento e espessura, estão submetidos à tensão elétrica. O gráfico abaixo apresenta a variação da tensão u em cada resistor em função da corrente elétrica i.

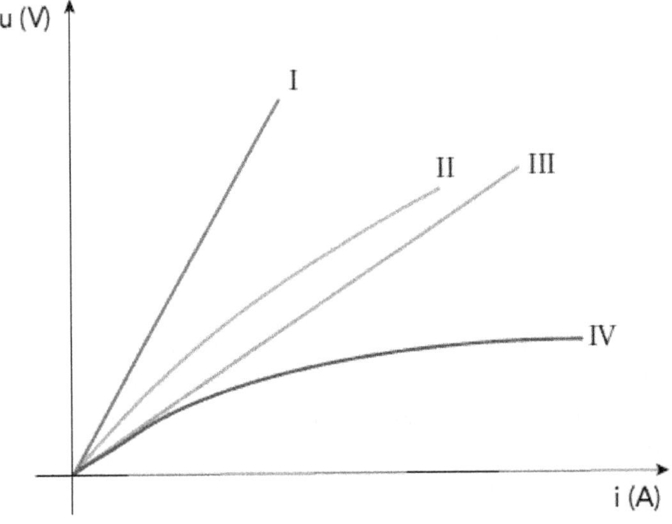

Figura 3.11: Referente à questão 215

O condutor que apresenta a maior resistividade elétrica é:

(A) I

(B) II

(C) III

(D) IV

216. (Enem - 2022) A fim de classificar as melhores rotas em um aplicativo de trânsito, um pesquisador propõe um modelo com base em circuitos elétricos. Nesse modelo, a corrente representa o número de carros que passam por um ponto da pista no intervalo de 1 s. A diferença de potencial (d.d.p.) corresponde à quantidade de energia por carro necessária para o deslocamento de 1 m. De forma análoga à lei de Ohm, cada via é classificada pela sua resistência, sendo a de

maior resistência a mais congestionada. O aplicativo mostra as rotas em ordem crescente, ou seja, da rota de menor para a de maior resistência.

Como teste para o sistema, são utilizadas três possíveis vias para uma viagem de A até B, com os valores de d.d.p. e corrente conforme a tabela.

Rota	d.d.p. $\left(\frac{J}{carro \cdot m}\right)$	Corrente $\left(\frac{carro}{s}\right)$
1	510	4
2	608	4
3	575	3

Figura 3.12: Referente à questão 216

Nesse teste, a ordenação das rotas indicadas pelo aplicativo será:

(A) 1, 2, 3.

(B) 1, 3, 2.

(C) 2, 1, 3.

(D) 3, 1, 2.

(E) 3, 2, 1.

217. (Enem - 2022) O manual de uma ducha elétrica informa que seus três níveis de aquecimento (morno, quente e superquente) apresentam as seguintes variações de temperatura da água em função de sua vazão:

Vazão $\left(\frac{L}{min}\right)$	ΔT (°C)		
	Morno	Quente	Superquente
3	10	20	30
6	5	10	15

Figura 3.13: Referente à questão 217

Utiliza-se um disjuntor para proteger o circuito dessa ducha contra sobrecargas elétricas em qualquer nível de aquecimento. Por padrão, o disjuntor é especificado pela corrente nominal igual ao múltiplo de 5 A imediatamente superior à corrente máxima do circuito. Considere que a ducha deve ser ligada em 220 V e que toda a energia é dissipada através da resistência do chuveiro e convertida em energia térmica transferida para a água, que apresenta calor específico de 4,2 $J/g°C$ e densidade de 1 000 g/L.

O disjuntor adequado para a proteção dessa ducha é especificado por:

(A) 60 A

(B) 30 A

(C) 20 A

(D) 10 A

(E) 5 A

218. (Enem - 2021) Carros elétricos estão cada vez mais baratos, no entanto, os órgãos governamentais e a indústria se preocupam com o tempo de recarga das baterias, que é muito mais lento quando comparado ao tempo gasto para encher o tanque de combustível. Portanto, os usuários de transporte individual precisam se conscientizar dos ganhos ambientais

dessa mudança e planejar com antecedência seus percursos, pensando em pausas necessárias para recargas.

Após realizar um percurso de 110 km, um motorista pretende recarregar as baterias de seu carro elétrico, que tem um desempenho médio de 5,0 Km/KWh, usando um carregador ideal que opera a uma tensão de 220 V e é percorrido por uma corrente de 20 A.

Quantas horas são necessárias para recarregar a energia utilizada nesse percurso?

(A) 0,005

(B) 0,125

(C) 2,5

(D) 5,0

(E) 8,0

219. (Enem - 2021) Cientistas da Universidade de New South Wales, na Austrália, demonstraram em 2012 que a Lei de Ohm é válida mesmo para fios finíssimos, cuja área de secção reta compreende alguns poucos átomos.

A tabela apresenta as áreas e comprimentos da alguns dos fios construídos (respectivamente com as mesmas unidades de medidas). Considere que a resistividade mantém-se constante para todas as geometrias (uma aproximação confirmada pelo estudo).

	Área	Comprimento	Resistência elétrica
Fio 1	9	312	R1
Fio 2	4	47	R2
Fio 3	2	54	R3
Fio 4	1	106	R4

WEBER, S. B. et al. Ohm's Law Survives to the Atomic Scale. **Science**, n. 335, jan. 2012 (adaptado).

Figura 3.14: Referente à questão 219

As resistências elétricas dos fios, em ordem crescente, são

(A) $R_1 < R_2 < R_3 < R4$.

(B) $R_1 < R_2 < R_3 < R_4$.

(C) $R_2 < R_3 < R_1 < R_4$.

(D) $R_4 < R_1 < R_3 < R_2$.

(E) $R_4 < R_3 < R_2 < R_1$.

220. (Fuvest - 2023) O Brasil é o país recordista mundial em queda de raios, com uma estimativa de mais de 70 milhões de eventos desse tipo por ano.

Uma descarga elétrica dessas pode envolver campos elétricos da ordem de dez kilovolts por metro e um deslocamento de 30 coulombs de carga em um milésimo de segundo.

Com base nessas estimativas e assumindo o campo elétrico como sendo constante, a potência associada a um raio de 100 m de comprimento corresponde a:

(A) 30 GW

(B) 3 GW

(C) 300 MW

(D) 30 MW

(E) 3 MW

221. (Fuvest - 2023) Termistores são termômetros baseados na variação da resistência elétrica com a temperatura e são utilizados em diversos equipamentos, como termômetros digitais domésticos, automóveis, refrigeradores e fornos. A curva de calibração de um termistor é mostrada na figura:

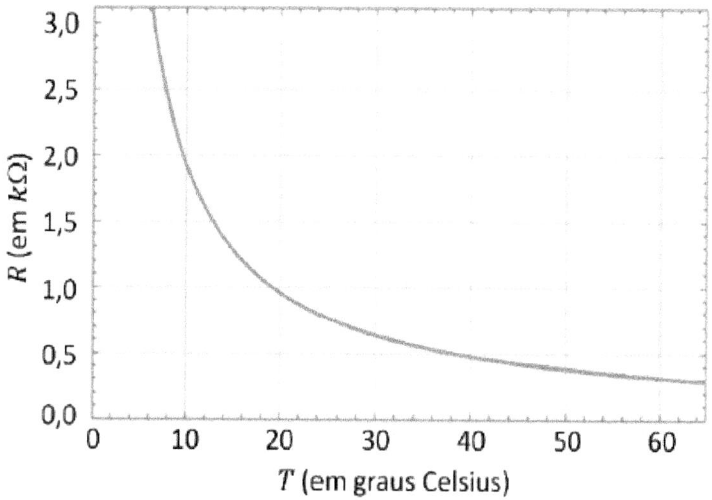

Figura 3.15: Referente à questão 221

Considere que o termistor se rompa quando percorrido por uma corrente maior do que 10 mA. Supondo que o termistor seja conectado a uma bateria de 5 V, assinale a alternativa que contém uma faixa de temperaturas em que o dispositivo sempre funcionará adequadamente:

Note e adote: A relação entre a resistência R de um dispositivo, a corrente I que o percorre e a diferença de potencial elétrico V entre seus terminais é $V = RI$.

(A) $10°C < T < 35°C$

(B) $20°C < T < 45°C$

(C) $30°C < T < 55°C$

(D) $40°C < T < 65°C$

(E) $50°C < T < 75°C$

222. (Fuvest - 2022) Um componente eletrônico tem curva característica mostrada no gráfico a seguir:

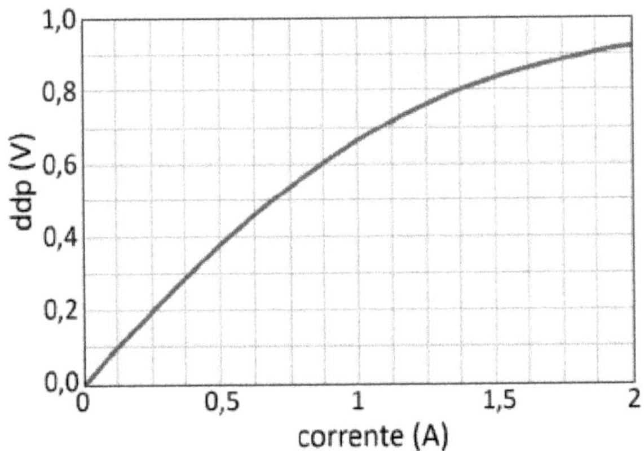

Figura 3.16: Referente à questão 222

A resistência elétrica do componente na região em que ele se comporta como um resistor ôhmico vale aproximadamente:

(A) 0,4 Ω

(B) 0,6 Ω

(C) 0,8 Ω

(D) 1,0 Ω

(E) 1,2 Ω

223. (PUC - RJ - 2024) Uma lâmpada incandescente de 120 W está especificada para uma rede elétrica de 240 V.

Qual é a resistência dessa lâmpada, em ohms?

(A) 48

(B) 60

(C) 120

(D) 240

(E) 480

224. (PUC - RJ - 2024) Um circuito simples é montado com uma fonte, uma resistência de 500 Ω e um amperímetro. O circuito consome 1,8 J por segundo.

Qual é a leitura do amperímetro, em miliampères?

(A) 36

(B) 60

(C) 120

(D) 180

(E) 360

Gabarito	
211	A
212	C
213	B
214	C
215	A
216	A
217	B
218	D
219	C
220	A
221	A
222	C
223	E
224	B

3.4 Associação de Resistores

225. (UERJ - Exame Único - 2022) O circuito abaixo representa uma instalação elétrica, sendo a corrente registrada no amperímetro A igual a 100 mA.

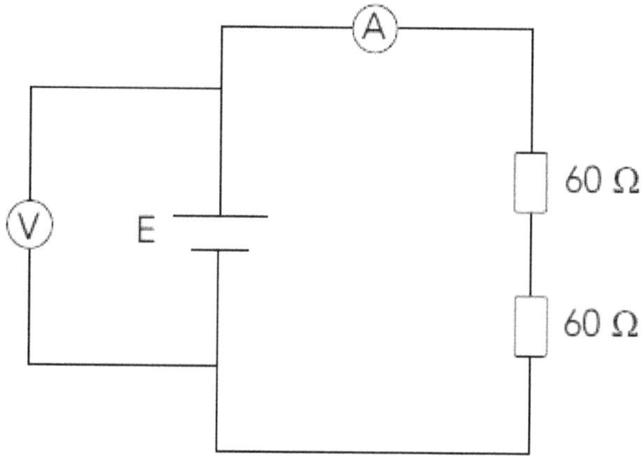

Figura 3.17: Referente à questão 225

A tensão elétrica, em volts, indicada no voltímetro V, é igual a:

(A) 8

(B) 10

(C) 12

(D) 14

226. (UERJ - 1EQ - 2019) Resistores ôhmicos idênticos foram associados em quatro circuitos distintos e submetidos à mesma tensão $U_{A,B}$. Observe os esquemas:

Nessas condições, a corrente elétrica de menor intensidade se estabelece no seguinte circuito:

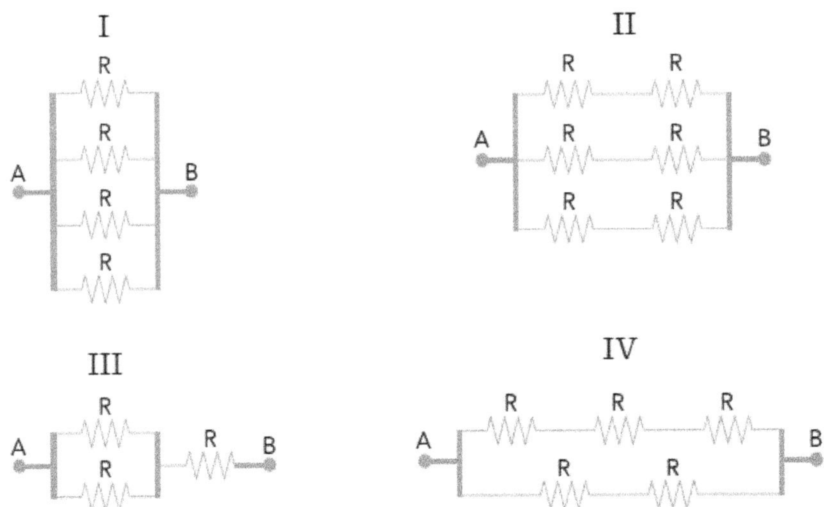

Figura 3.18: Referente à questão 226

(A) I

(B) II

(C) III

(D) IV

227. (Enem - 2024) O LED é um dispositivo eletrônico que conduz corrente elétrica em um único sentido, sendo caracterizado por uma tensão e uma corrente máxima de funcionamento, I_{max}. Um LED acende apenas se a corrente que o percorre está no sentido permitido e se a diferença de potencial à qual está submetido é igual ou superior à sua tensão de funcionamento. A figura ilustra o símbolo do LED usado na representação de circuitos.

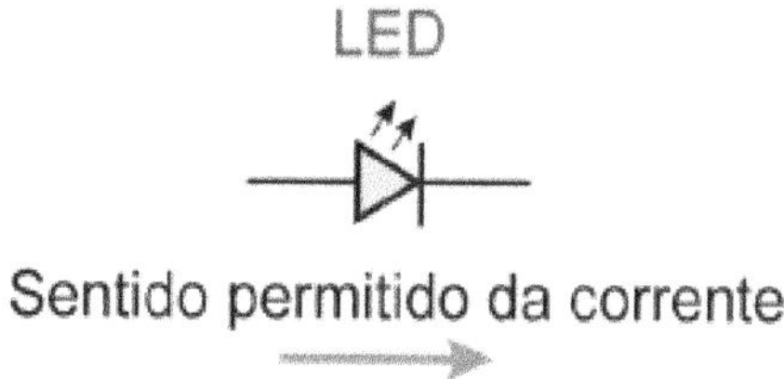

Figura 3.19: Referente à questão 227

Um estudante de física analisa as propriedades do LED em um circuito simples de corrente contínua. Ele dispõe dos seguintes materiais: uma bateria ideal de 4,5 V; dois LEDs de tensão 3,0 V e I_{max} = 1,0 mA cada; e dois resistores de 1,5 kΩ cada.

O circuito que o estudante pode montar, para que ambos os LEDs fiquem acesos e cada um seja percorrido por I_{max}, é

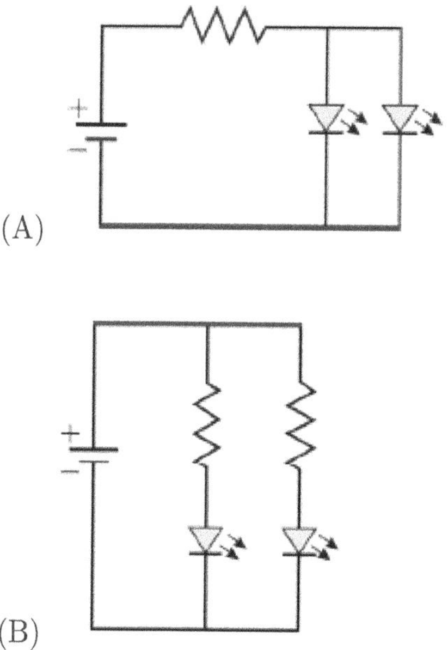

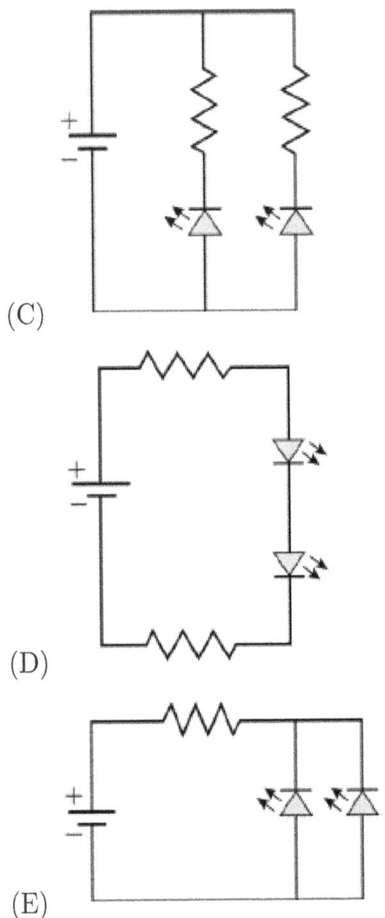

228. (Enem - 2024) Uma caixa decorativa utiliza duas pequenas lâmpadas, L1 (6 V – 9 W) e L2 (12 V – 18 W), ligadas em série a uma bateria de tensão V_{QR}. Um fio resistivo QR, de 48 centímetros, está ligado em paralelo à bateria. Cinco pontos, A, B, C, D e E, dividem o fio QR em seis segmentos de comprimentos iguais. O circuito também tem um amperímetro com dois terminais. Um dos terminais (P) está ligado ao fio entre as duas lâmpadas. O outro terminal (S) está livre e será ligado ao fio QR. Dependendo do ponto em que esse terminal livre for conectado, ocorrerá a mudança na tensão à qual as lâmpadas são submetidas. Os demais fios do circuito têm resistências elétricas desprezíveis. A figura

ilustra esse circuito.

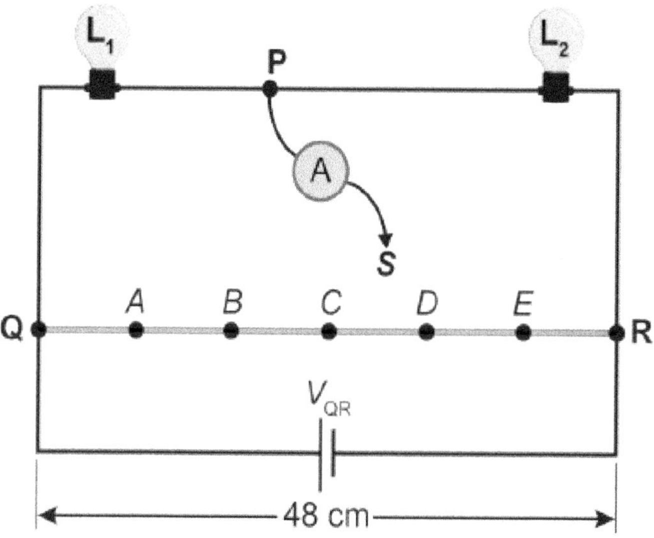

Figura 3.20: Referente à questão 228

Em qual desses pontos o amperímetro deve ser conectado para que as lâmpadas acendam exatamente segundo as especificações de tensão e potência elétricas fornecidas?

(A) A

(B) B

(C) C

(D) D

(E) E

229. (Enem - 2023) O circuito com três lâmpadas incandescentes idênticas, representado na figura, consiste em uma associação mista de resistores. Cada lâmpada (L_1, L_2 e L_3) é associada, em paralelo, a um resistor de resistência R, formando um conjunto. Esses conjuntos são associados em série, tendo todas as lâmpadas o mesmo brilho quando ligadas à fonte de energia. Após vários dias em uso, apenas a

lâmpada L_2 queima, enquanto as demais permanecem acesas.

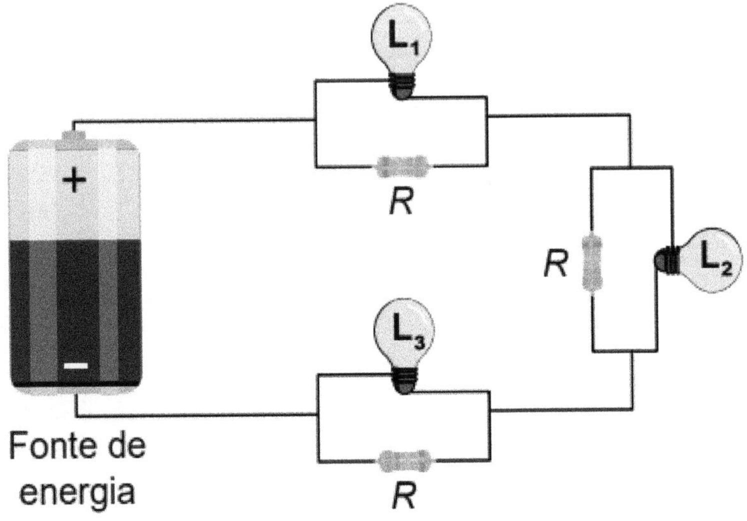

Figura 3.21: Referente à questão 229

Em relação à situação em que todas as lâmpadas funcionam, após a queima de L_2, os brilhos das lâmpadas serão

(A) os mesmos.

(B) mais intensos.

(C) menos intensos.

(D) menos intenso para L_1 e o mesmo para L_3

(E) mais intenso para L_1 e menos intenso para L_3.

230. (Enem - 2021) Um garoto precisa montar um circuito que acenda três lâmpadas de cores diferentes, uma de cada vez. Ele dispõe das lâmpadas, de fios, uma bateria e dois interruptores, como ilustrado, junto com seu símbolo de três pontos. Quando esse interruptor fecha AB, abre BC e vice-versa.

O garoto fez cinco circuitos elétricos usando os dois interruptores, mas apenas um satisfaz a sua necessidade.

Esse circuito é representado por

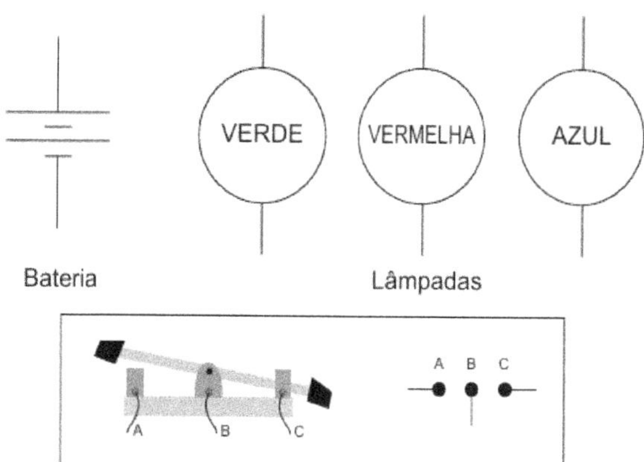

Figura 3.22: Referente à questão 230

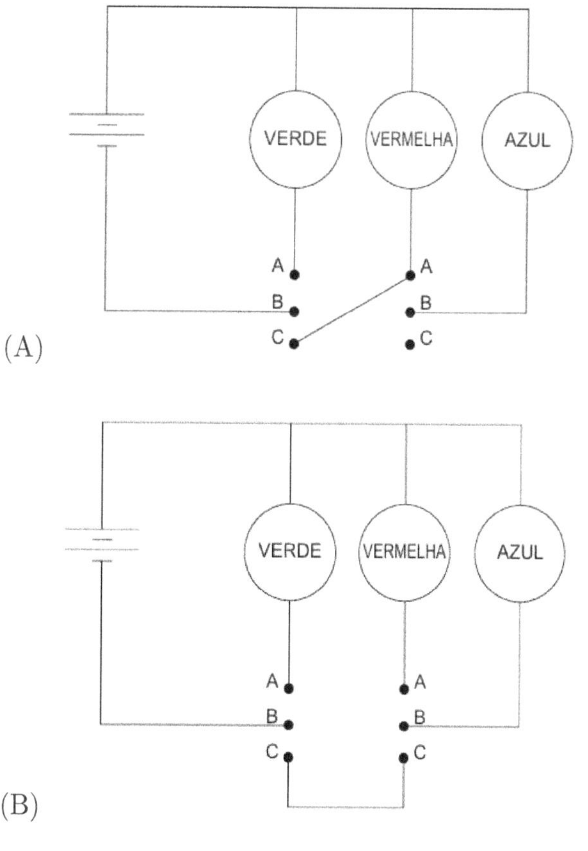

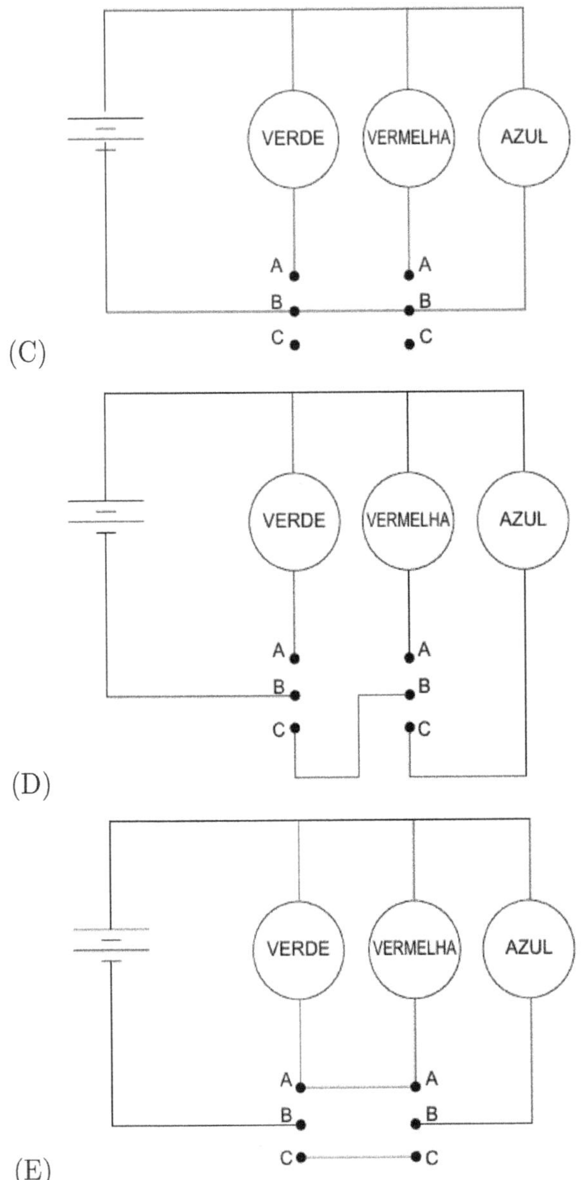

231. (Enem - 2020) Um estudante tem uma fonte de tensão com corrente contínua que opera em tensão fixa de 12 V. Como precisa alimentar equipamentos que operam em tensões menores, ele emprega quatro resistores de 100 Ω para construir um divisor de tensão. Obtém-se este divisor associando os

resistores, como exibido na figura. Os aparelhos podem ser ligados entre os pontos A, B, C, D e E, dependendo da tensão especificada.

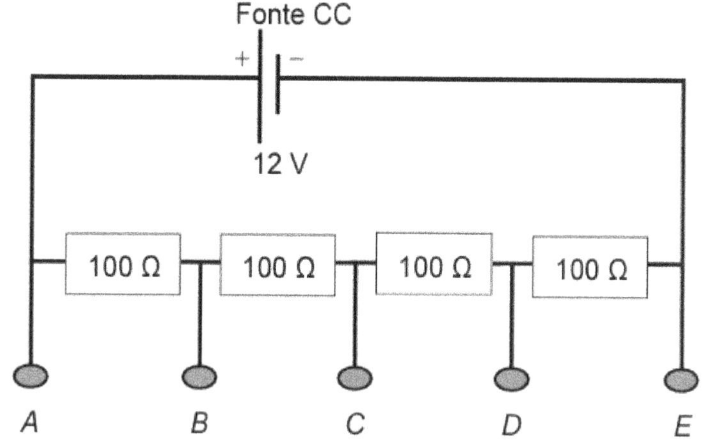

Figura 3.23: Referente à questão 231

Ele tem um equipamento que opera em 9,0 V com uma resistência interna de 10 kΩ. Entre quais pontos do divisor de tensão esse equipamento deve ser ligado para funcionar corretamente e qual será o valor da intensidade da corrente nele estabelecida?

(A) Entre A e C; 30 mA.

(B) Entre B e E; 30 mA.

(C) Entre A e D; 1,2 mA.

(D) Entre B e E; 0,9 mA.

(E) Entre A e E; 0,9 mA.

232. (Enem - 2020) Uma pessoa percebe que a bateria de seu veículo fica descarregada após cinco dias sem uso. No início desse período, a bateria funcionava normalmente e estava com o total de sua carga nominal, de 60 Ah. Pensando na possibilidade de haver uma corrente de fuga, que se estabelece mesmo com os dispositivos elétricos do veículo desligados, ele associa um amperímetro digital ao circuito do

veículo. Qual dos esquemas indica a maneira com que o amperímetro deve ser ligado e a leitura por ele realizada?

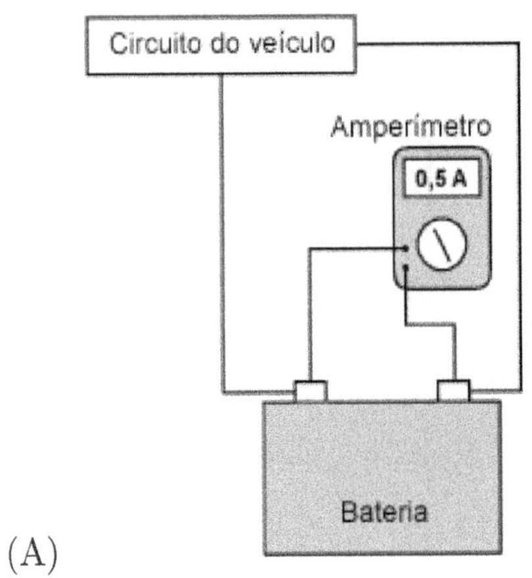

(A)

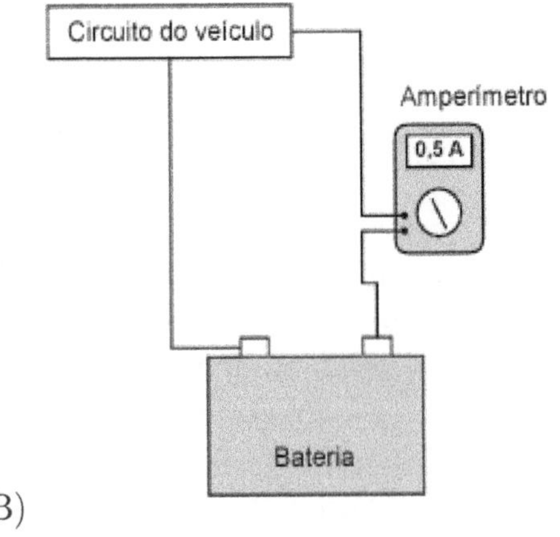

(B)

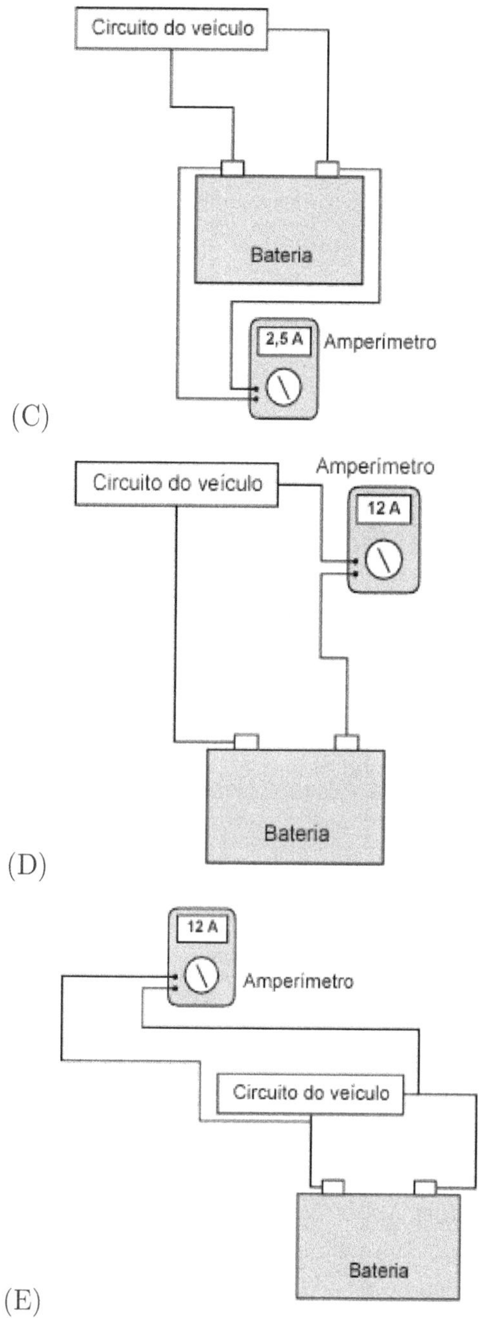
Circuito do veículo
Bateria
2,5 A
Amperímetro
(C)
Circuito do veículo
Amperímetro
12 A
Bateria
(D)
12 A
Amperímetro
Circuito do veículo
Bateria
(E)

233. (Enem - 2019) Uma casa tem um cabo elétrico mal dimensionado, de resistência igual a 10 Ω, que a conecta à rede elétrica de 120 V. Nessa casa, cinco lâmpadas, de resistência igual a 200 Ω, estão conectadas ao mesmo circuito que uma televisão de resistência igual a 50 Ω, conforme ilustrado no esquema. A televisão funciona apenas com tensão entre 90 V e 130 V.

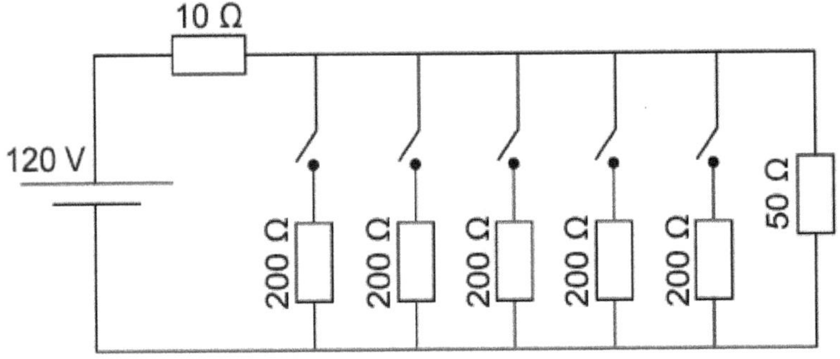

Figura 3.24: Referente à questão 233

O número máximo de lâmpadas que podem ser ligadas sem que a televisão pare de funcionar é:

(A) 1

(B) 2

(C) 3

(D) 4

(E) 5

234. (Fuvest - 2024) A foto a seguir mostra um circuito com três resistores (R_1, R_2 e R_3) conectados em uma protoboard (base de contatos). Nesse tipo de placa, os cinco furos de uma mesma linha (indicados pelos retângulos amarelos) estão em curto, formando os nós do circuito. Os cabos vermelho e preto, por sua vez, estão conectados aos terminais de uma fonte contínua de 5V.

Se $R_1 = 150\ k\Omega$ e $R_2 = R_3 = 100\ k\Omega$, a corrente elétrica que passa pelo resistor R_1 será de:

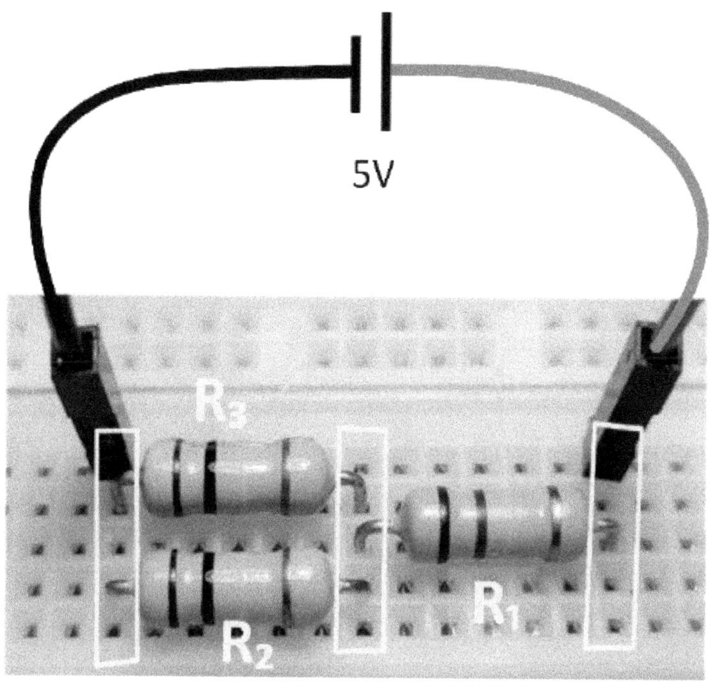

Figura 3.25: Referente à questão 234

(A) 12,5 μA

(B) 14,3 μA

(C) 25,0 μA

(D) 37,5 μA

(E) 50,0 μA

235. (Fuvest - 2021) Em uma luminárias de mesa, há duas lâmpadas que podem ser acesas individualmente ou ambas ao mesmo tempo, com cada uma funcionando sob a tensão nominal determinada pelo fabricante, de modo que a intensidade luminosa de cada lâmpada seja sempre a mesma. Entre os circuitos apresentados, indique aquele que corresponde a um arranjo que permite o funcionamento conforme essa descrição.

Note e adote:

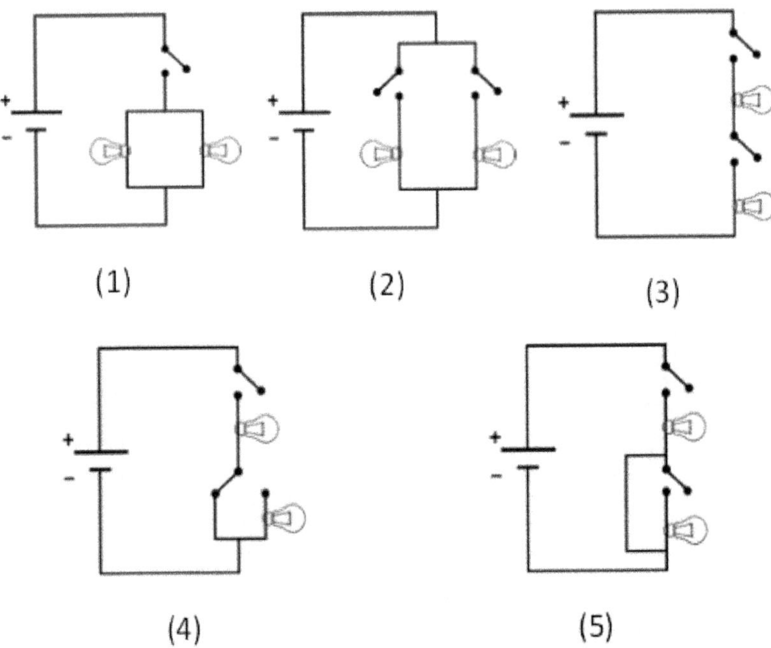

Figura 3.26: Referente à questão 235

Suponha que as lâmpadas funcionem de maneira ôhmica, ou seja, da mesma forma que um resistor.

(A) Circuito (1)

(B) Circuito (2)

(C) Circuito (3)

(D) Circuito (4)

(E) Circuito (5)

236. (Fuvest - 2020) Um fabricante projetou resistores para utilizar em uma lâmpada de resistência L. Cada um deles deveria ter resistência R. Após a fabricação, ele notou que alguns deles foram projetados erroneamente, de forma que cada um deles possui uma resistência $R_D = R/2$. Tendo em vista que a lâmpada queimará se for percorrida por uma corrente elétrica superior a $V/(R + L)$, em qual(is) dos circuitos a

lâmpada queimará?

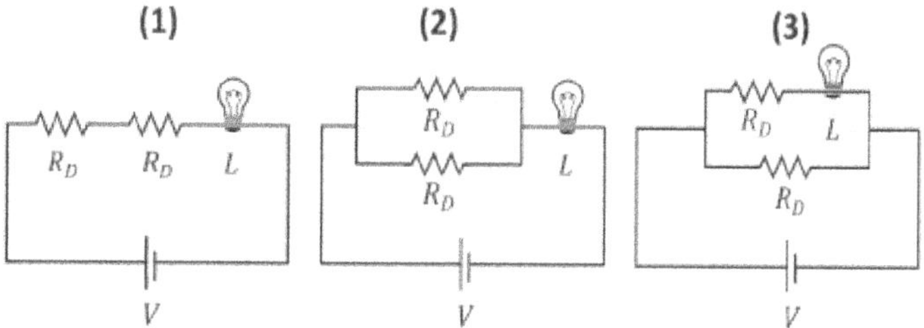

Figura 3.27: Referente à questão 236

(A) 1, apenas.

(B) 2, apenas.

(C) 1 e 3, apenas.

(D) 2 e 3, apenas.

(E) 1, 2 e 3.

237. (PUC - RJ - 2025) Cinco resistores idênticos, R1 = R2 = R3 = R4 = R5 = 1,0 kΩ, estão ligados por fios ideais, como mostrado na Figura a seguir.

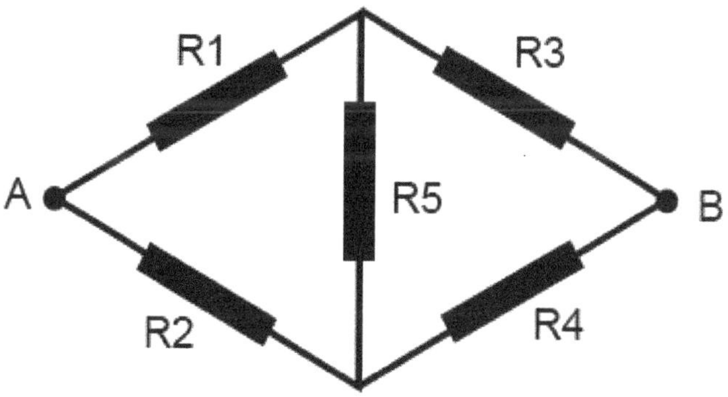

Figura 3.28: Referente à questão 237

Aplica-se, então, uma ddp de 100 V entre os terminais A e B.

Calcule a potência dissipada, em watts, APENAS no resistor R5.

(A) 0

(B) 1,0

(C) 2,5

(D) 5,0

(E) 10

238. (PUC - RJ - 2025) Considere o circuito mostrado na Figura a seguir.

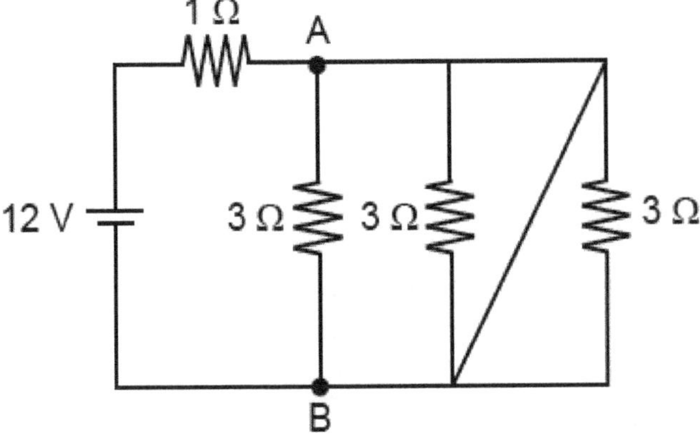

Figura 3.29: Referente à questão 238

Qual é a diferença de potencial, em volts, entre os pontos A e B desse circuito?

(A) 0

(B) 3

(C) 4

(D) 6

(E) 8

239. (PUC - RJ - 2024) Uma bateria de 12 V é ligada a 3 resistores, de resistências iguais a 1 $k\Omega$, 1 $k\Omega$ e 2 $k\Omega$, respectivamente. Esses 3 resistores são ligados de modo que a

dissipação é máxima. Qual a corrente total, em miliampères, provida pela bateria nesse caso?

(A) 1

(B) 2

(C) 12

(D) 24

(E) 30

Gabarito	
225	C
226	C
227	B
228	B
229	C
230	D
231	D
232	B
233	B
234	C
235	B
236	D
237	A
238	A
239	E

3.5 Geradores e Receptores

240. (UERJ - Exame Único - 2021) Considere um circuito contendo um gerador de resistência interna r constante e não nula. O gráfico que representa a variação da tensão elétrica U em função da corrente i, estabelecida nesse circuito, é:

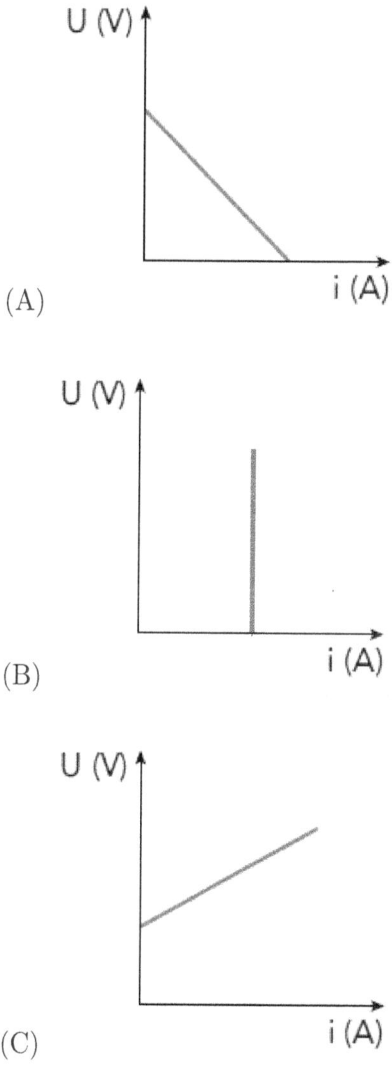

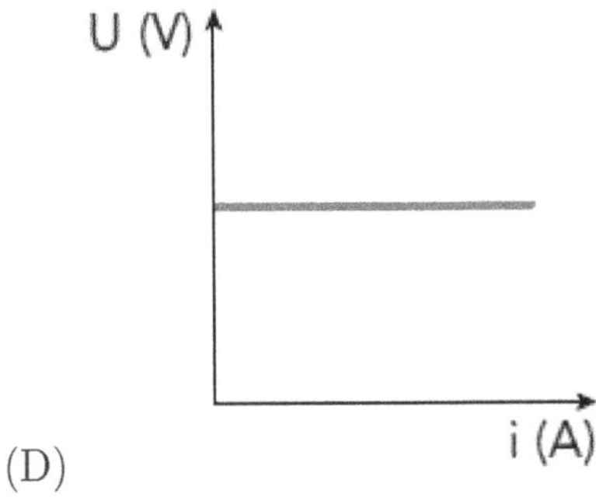

(D)

241. (Enem - 2022) O quadro mostra valores de corrente elétrica e seus efeitos sobre o corpo humano.

Corrente elétrica	Dano físico
Até 10 mA	Dor e contração muscular
De 10 mA até 20 mA	Aumento das contrações musculares
De 20 mA até 100 mA	Parada respiratória
De 100 mA até 3 A	Fibrilação ventricular
Acima de 3 A	Parada cardíaca e queimaduras

Figura 3.30: Referente à questão 241

A corrente elétrica que percorrerá o corpo de um indivíduo depende da tensão aplicada e da resistência elétrica média do corpo humano. Esse último fator está intimamente relacionado com a umidade da pele, que seca apresenta resistência elétrica da ordem de 500 kΩ, mas, se molhada, pode chegar a apenas 1 kΩ.

Apesar de incomum, é possível sofrer um acidente utilizando baterias de 12 V. Considere que um indivíduo com a pele molhada sofreu uma parada respiratória ao tocar simultaneamente nos pontos A e B de uma associação de duas dessas baterias.

DURAN, J. E. R. Biofísica: fundamentos e aplicações. São Paulo: Pearson Prentice Hall, 2003 (adaptado).

Qual associação de baterias foi responsável pelo acidente?

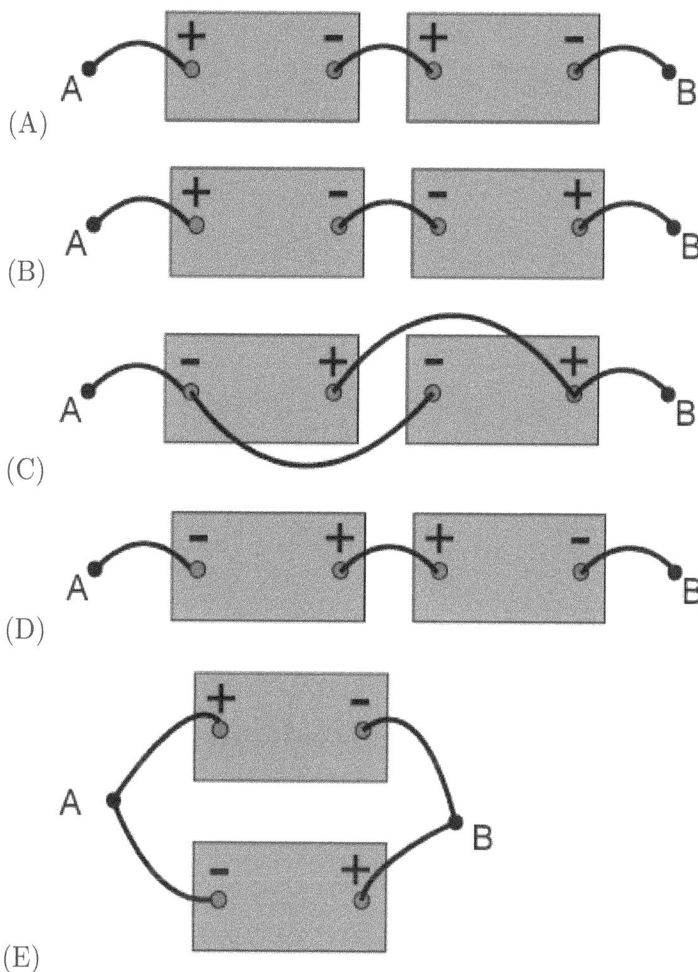

Gabarito	
240	A
241	A

3.6 Magnetismo

242. (UERJ - Exame Único - 2021) Um elétron E de massa m e carga q executa um movimento circular uniforme devido à ação de um campo magnético constante de intensidade $B = 3 \times 10^{-5}T$. Observe no esquema a orientação do campo e o sentido do deslocamento do elétron.

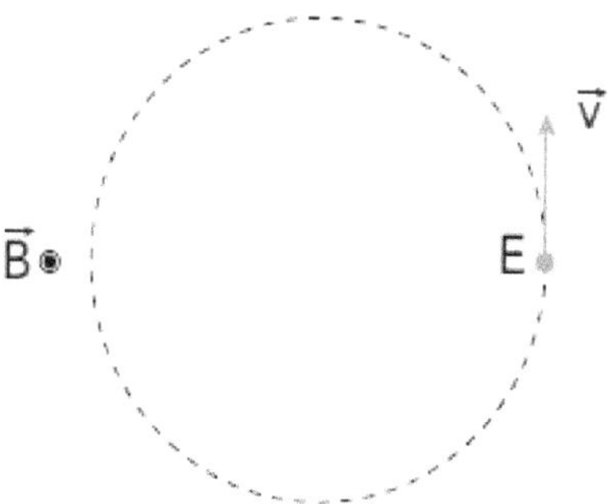

Figura 3.31: Referente à questão 242

Admita que a razão $\frac{q}{m} = 1,6 \times 10^{11} C/kg$.

Nessas condições, a velocidade angular ω, em rad/s, desenvolvida pelo elétron, é igual a:

(A) $4,8 \times 10^6$

(B) $4,6 \times 10^6$

(C) $1,8 \times 10^6$

(D) $1,4 \times 10^6$

243. (Enem - 2023) O fogão por indução funciona a partir do surgimento de uma corrente elétrica induzida no fundo da panela, com consequente transformação de energia elétrica em calor por efeito Joule. A principal vantagem desses fogões é a eficiência energética, que é substancialmente maior que a dos fogões convencionais. A corrente elétrica mencionada é induzida por

(A) radiação.

(B) condução.

(C) campo elétrico variável.

(D) campo magnético variável.

(E) ressonância eletromagnética.

244. (Enem - 2022) O físico Hans C. Oersted observou que um fio transportando corrente elétrica produz um campo magnético. A presença do campo magnético foi verificada ao aproximar uma bússola de um fio conduzindo corrente elétrica. A figura ilustra um fio percorrido por uma corrente elétrica i, constante e com sentido para cima. Os pontos A, B e C estão num plano transversal e equidistantes do fio. Em cada ponto foi colocada uma bússola. Considerando apenas o

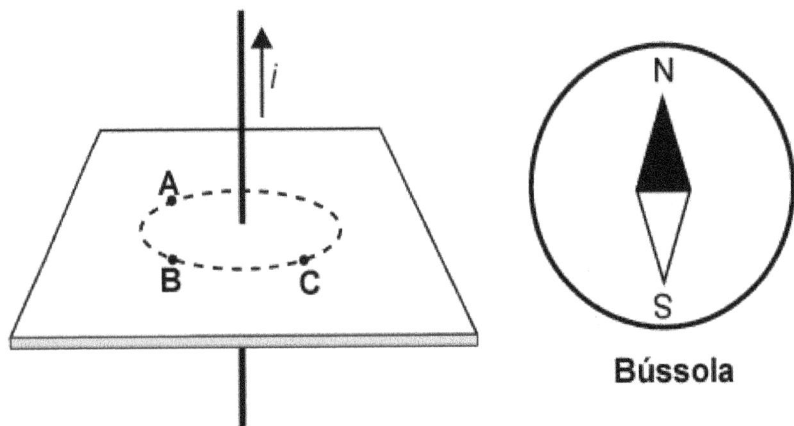

Figura 3.32: Referente à questão 244

campo magnético por causa da corrente i, as respectivas configurações das bússolas nos pontos A, B e C serão

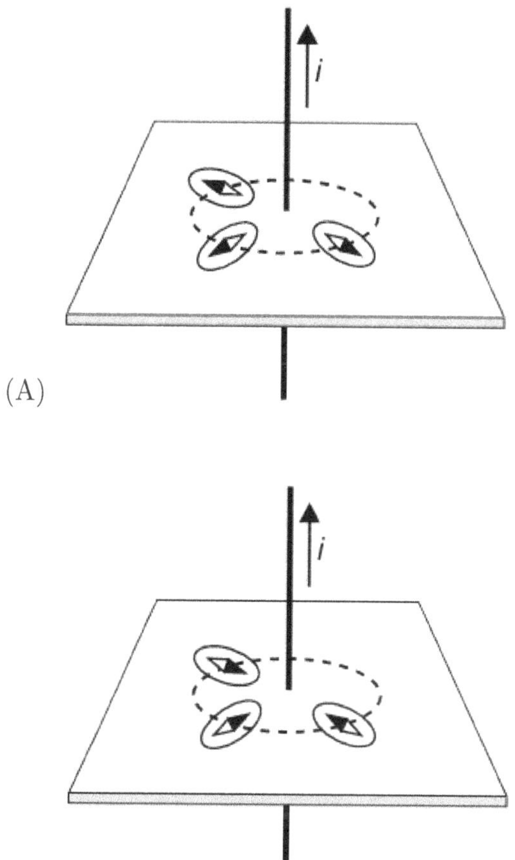
i
(A)
i
(B)

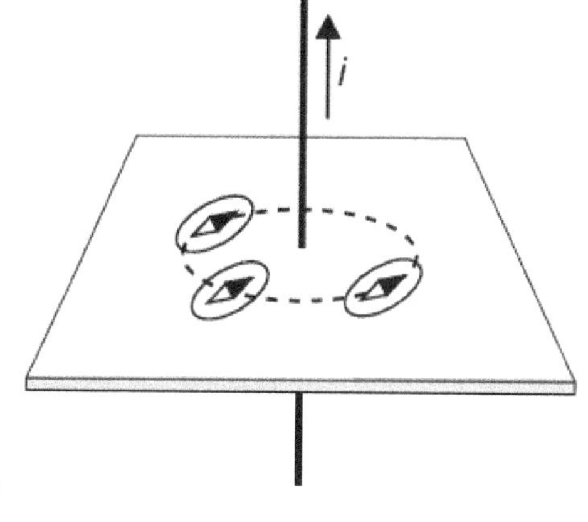
i
(C)

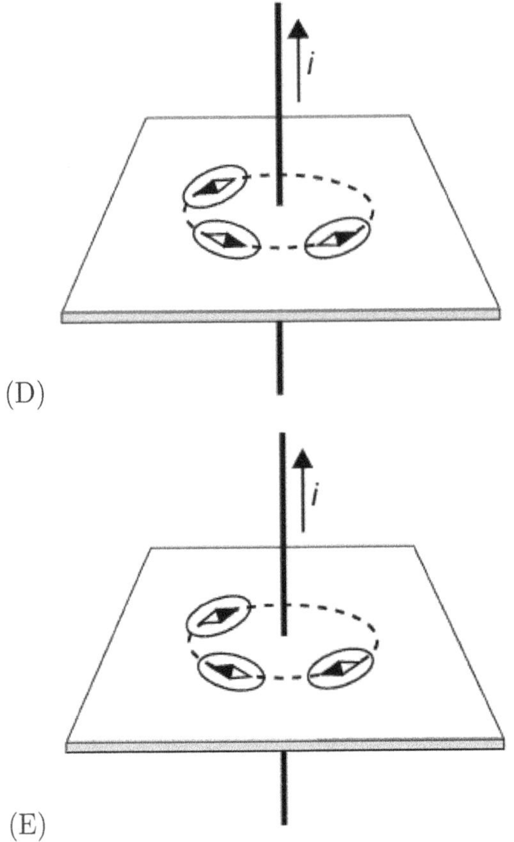

245. (Enem - 2022) Uma lanterna funciona com três pilhas de resistência interna igual a 0,5 Ω cada, ligadas em série. Quando posicionadas corretamente, devem acender a lâmpada incandescente de especificações 4,5 W e 4,5 V. Cada pilha na posição correta gera uma f.e.m. (força eletromotriz) de 1,5 V. Uma pessoa, ao trocar as pilhas da lanterna, comete o equívoco de inverter a posição de uma das pilhas. Considere que as pilhas mantêm contato independentemente da posição.

Com esse equívoco, qual é a intensidade de corrente que passa pela lâmpada ao se ligar a lanterna?

(A) 0,25 A

(B) 0,33 A

(C) 0,75 A

(D) 1,00 A

(E) 1,33 A

246. (Enem - 2021) Duas esferas carregadas com cargas iguais em módulo e sinais contrários estão ligados por uma haste rígida isolante na forma de haltere. O sistema se movimenta sob ação da gravidade numa região que tem um campo magnético horizontal uniforme ($\vec{B}$), da esquerda para a direita. A imagem apresenta o sistema visto de cima para baixo, no mesmo sentido da aceleração da gravidade ($\vec{g}$) que atua na região.

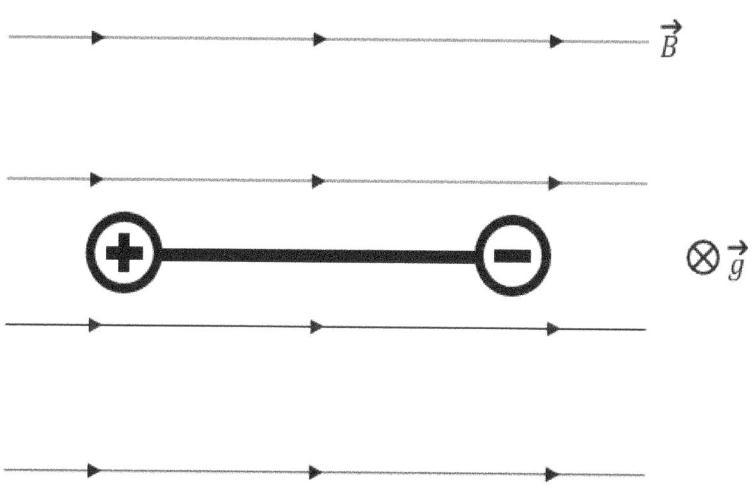

Figura 3.33: Referente à questão 246

Visto de cima, o diagrama esquemático das forças magnéticas que atuam no sistema, no momento inicial em que as cargas penetram na região do campo magnético, está representado em

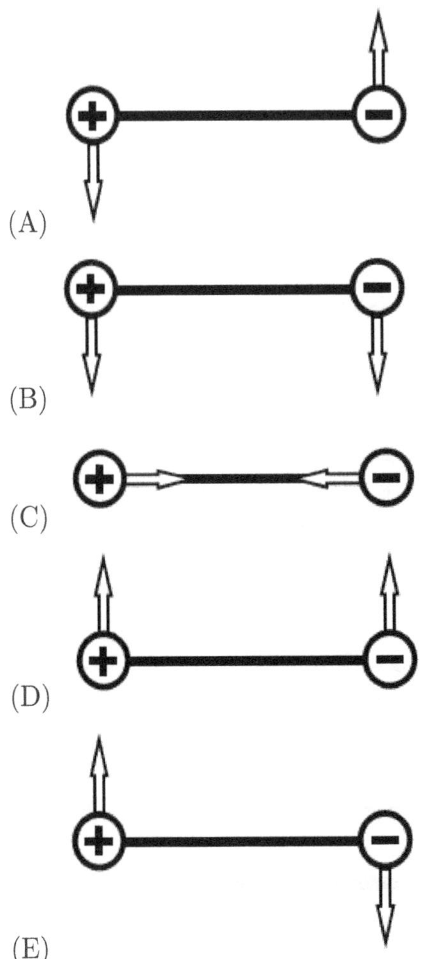

247. (Enem - 2020) Em uma usina geradora de energia elétrica, seja através de uma queda-d'água ou através de vapor sob pressão, as pás do gerador são postas a girar. O movimento relativo de um ímã em relação a um conjunto de bobinas produz um fluxo magnético variável através delas, gerando uma diferença de potencial em seus terminais. Durante o funcionamento de um dos geradores, o operador da usina percebeu que houve um aumento inesperado da diferença de potencial elétrico nos terminais das bobinas.

Nessa situação, o aumento do módulo da diferença de potencial obtida nos terminais das bobinas resulta do aumento do(a)

(A) intervalo de tempo em que as bobinas ficam imersas no campo magnético externo, por meio de uma diminuição de velocidade no eixo de rotação do gerador.

(B) fluxo magnético através das bobinas, por meio de um aumento em sua área interna exposta ao campo magnético aplicado.

(C) intensidade do campo magnético no qual as bobinas estão imersas, por meio de aplicação de campos magnéticos mais intensos.

(D) rapidez com que o fluxo magnético varia através das bobinas, por meio de um aumento em sua velocidade angular.

(E) resistência interna do condutor que constitui as bobinas, por meio de um aumento na espessura dos terminais.

248. (Enem - 2019) As redes de alta tensão para transmissão de energia elétrica geram campo magnético variável o suficiente para induzir corrente elétrica no arame das cercas. Tanto os animais quanto os funcionários das propriedades rurais ou das concessionárias de energia devem ter muito cuidado ao se aproximarem de uma cerca quando esta estiver próxima a uma rede de alta tensão, pois, se tocarem no arame da cerca, poderão sofrer choque elétrico.

Para minimizar este tipo de problema, deve-se:

(A) Fazer o aterramento dos arames da cerca.

(B) Acrescentar fusível de segurança na cerca.

(C) Realizar o aterramento da rede de alta tensão.

(D) Instalar fusível de segurança na rede de alta tensão.

(E) Utilizar fios encapados com isolante na rede de alta tensão.

249. (Enem - 2019) O espectrômetro de massa de tempo de voo é um dispositivo utilizado para medir a massa de íons. Nele, um íon de carga elétrica q é lançado em uma região de campo

magnético constante B, descrevendo uma trajetória helicoidal, conforme a figura. Essa trajetória é formada pela composição de um movimento circular uniforme no plano yz e uma translação ao longo do eixo x. A vantagem desse dispositivo é que a velocidade angular do movimento helicoidal do íon é independente de sua velocidade inicial. O dispositivo então mede o tempo t de voo para N voltas do íon. Logo, com base nos valores q, B, N e t, pode-se determinar a massa do íon.

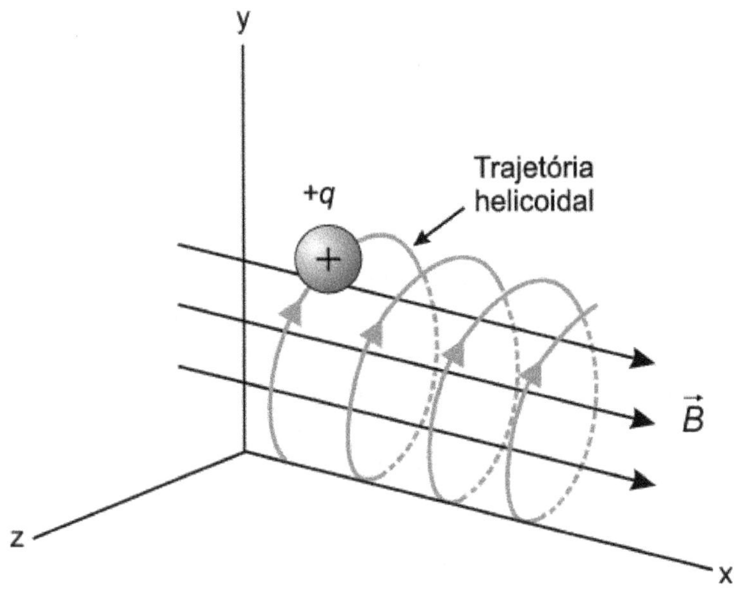

Figura 3.34: Referente à questão 249

A massa do íon medida por esse dispositivo será

(A) $\frac{qBt}{2\pi N}$

(B) $\frac{qBt}{\pi N}$

(C) $\frac{2qBt}{\pi N}$

(D) $\frac{qBt}{N}$

(E) $\dfrac{2qBt}{N}$

250. (Fuvest - 2020) Um solenoide muito longo é percorrido por uma corrente elétrica I, conforme mostra a figura 1.

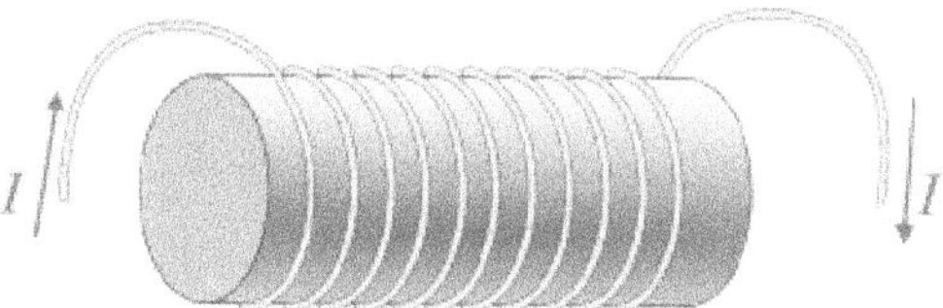

Figura 1

Figura 3.35: Referente à questão 250

Em um determinado instante, uma partícula de carga q positiva desloca-se com velocidade instantânea $\vec{v}$ perpendicular ao eixo do solenoide, na presença de um campo elétrico na direção do eixo do solenoide. A figura 2 ilustra essa situação, em uma seção reta definida por um plano que contém o eixo do solenoide.

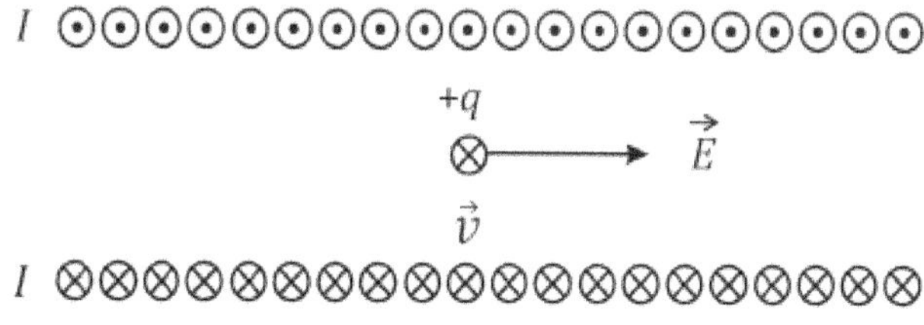

⊙ sentido para fora do plano do papel

⊗ sentido para dentro do plano do papel

Figura 2

Figura 3.36: Referente à questão 250

O diagrama que representa corretamente as forças elétrica

$\vec{F_E}$ e magnética $\vec{F_B}$ atuando sobre a partícula é:

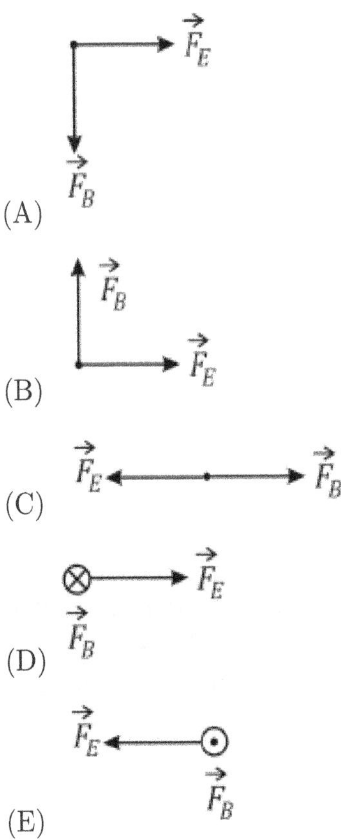

251. (PUC - RJ - 2025) Uma partícula de carga $4,0 \times 10^{-9}$ C, com velocidade inicial de $3,0 \times 10^5$ m/s, entra em uma região onde há campos elétrico e magnético, ambos uniformes. Nessa região, o campo gravitacional pode ser ignorado, e o campo magnético tem módulo $2,0 \times 10^{-4}$ T e está perpendicular à velocidade de entrada da partícula.

    Considerando-se que a partícula atravessa essa região sem modificar em nada seu movimento, qual é o módulo, em N/C, do campo elétrico?

    (A) $2,4 \times 10^{-8}$

    (B) $1,2 \times 10^{-4}$

    (C) 0

(D) 60

(E) $1,5 \times 10^9$

252. (PUC - RJ - 2024) Duas partículas, P_1 e P_2, de mesma massa m têm cargas elétricas, respectivamente, q e $2q$ e mesma velocidade em módulo V. Elas entram em uma região onde há um campo magnético uniforme, de módulo B, como mostrado na Figura. Despreze as forças entre as partículas.

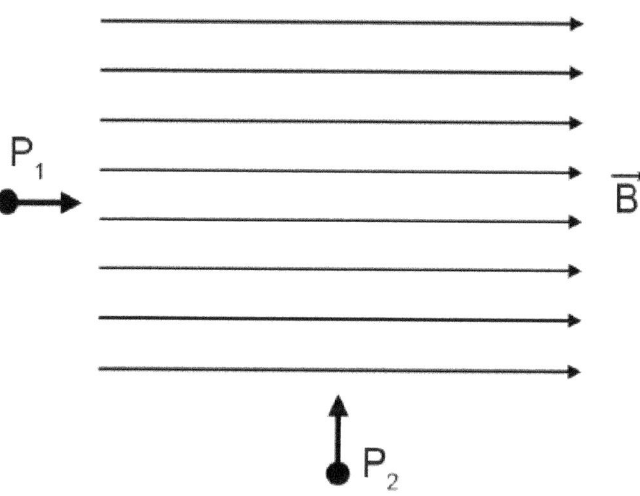

Figura 3.37: Referente à questão 252

Considere as seguintes afirmações sobre seus movimentos dentro da região com campo magnético.

I - Ambas as partículas mantêm o mesmo módulo de velocidade.

II - Ambas as partículas descrevem trajetórias circulares, sendo o raio da trajetória de P_1 o dobro do raio da trajetória de P_2.

III - A partícula P_2 tem aceleração em módulo dada por qVB/m.

É correto APENAS o que se afirma em

(A) I

(B) II

(C) III

(D) I e II

(E) I e III

Gabarito	
242	A
243	D
244	D
245	A
246	A
247	D
248	A
249	A
250	A
251	D
252	A

Capítulo 4

Física 4

4.1 Física Moderna

253. (Enem - 2024) Em aeroportos, por razões de segurança, os passageiros devem ter suas bagagens de mão examinadas antes do embarque, passando-as em esteiras para sua inspeção por aparelhos de raios X. Nessas inspeções, os passageiros são orientados a retirar seus computadores portáteis (notebooks ou laptops) de malas, mochilas ou bolsas para passá-los isoladamente pela esteira.

Que explicação física justifica esse procedimento?

(A) Os raios X não interagem com os componentes metálicos do computador, o que impede a formação de imagens.

(B) Os raios X desmagnetizam o disco rígido do computador, quando refratados pelos componentes metálicos das bagagens de mão.

(C) Os raios X aquecem os materiais metálicos encontrados em bagagens de mão, quando refletidos pelos componentes do computador.

(D) Os raios X não atravessam os componentes densos do computador, o que impede a visualização de objetos que estão à frente ou atrás deles.

(E) Os raios X ionizam os materiais metálicos normalmente encontrados em bagagens de mão, quando difratados pelos componentes do computador.

254. (Enem - 2023) Informações digitais — dados — são gravadas em discos ópticos, como CD e DVD, na forma de cavidades microscópicas. A gravação e a leitura óptica dessas informações são realizadas por um laser (fonte de luz monocromática). Quanto menores as dimensões dessas cavidades, mais dados são armazenados na mesma área do disco. O fator limitante para a leitura de dados é o espalhamento da luz pelo efeito de difração, fenômeno que ocorre quando a luz atravessa um obstáculo com dimensões da ordem de seu comprimento de onda. Essa limitação motivou o desenvolvimento de lasers com emissão em menores comprimentos de onda, possibilitando armazenar e ler dados em cavidades cada vez menores. Em qual região espectral se situa o comprimento de onda do laser que otimiza o armazenamento e a leitura de dados em discos de uma mesma área?

(A) Violeta

(B) Azul.

(C) Verde.

(D) Vermelho.

(E) Infravermelho.

255. (Enem - 2020) Herschel, em 1880, começou a escrever sobre a condensação da luz solar no foco de uma lente e queria verificar de que maneira os raios coloridos contribuem para o aquecimento. Para isso, ele projetou sobre um anteparo o espectro solar obtido com um prisma, colocou termômetros nas diversas faixas de cores e verificou nos dados obtidos que um dos termômetros iluminados indicou um aumento de temperatura maior para uma determinada faixa de frequências.

SAYURI, M.; GASPAR, M. B. Infravermelho na sala de aula.
Disponível em: www.cienciamao.usp.br. Acesso em: 15 ago. 2016 (adaptado).

Para verificar a hipótese de Herschel, um estudante montou o dispositivo apresentado na figura. Nesse aparato, cinco recipientes contendo água, à mesma temperatura inicial, e separados por um material isolante térmico e refletor são posicionados lado a lado (A, B, C, D e E) no interior de uma caixa de material isolante térmico e opaco. A luz solar, ao entrar na caixa, atravessa o prisma e incide sobre os recipientes. O estudante aguarda até que ocorra o aumento da temperatura e a afere em cada recipiente.

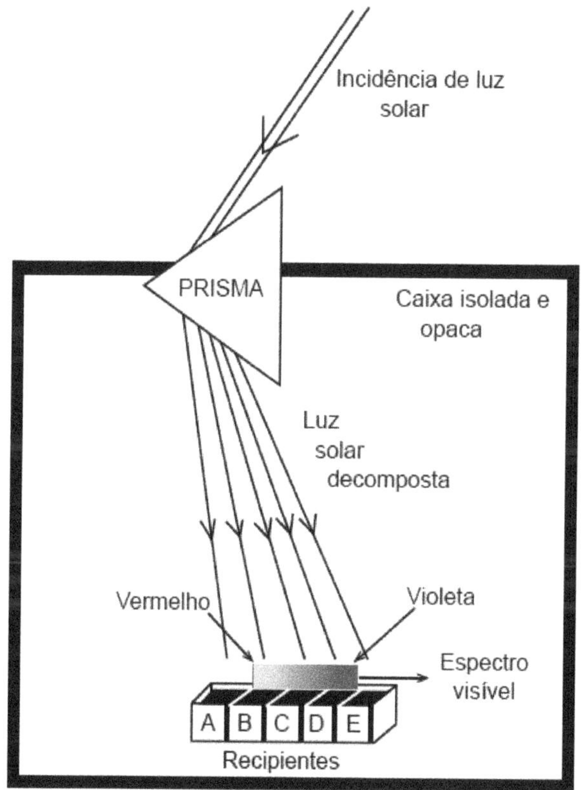

Figura 4.1: Referente à questão 255

Em qual dos recipientes a água terá maior temperatura ao final do experimento?

(A) A

(B) B

(C) C

(D) D

(E) E

256. (Fuvest - 2025) O efeito Compton, descoberto na década de 1920, é hoje amplamente utilizado durante tratamentos radioterápicos. O efeito relaciona-se à mudança no comprimento de onda de fótons de raios X quando interagem com partículas como elétrons ou prótons, conforme ilustrado na figura a seguir.

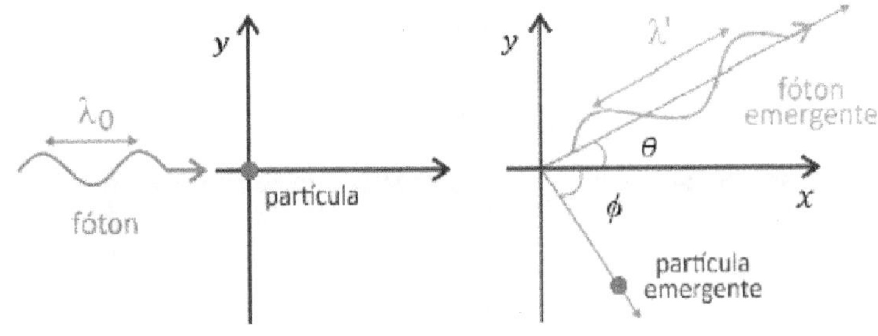

Figura 4.2: Referente à questão 256

Quando um fóton com comprimento de onda λ_0 incide sobre uma partícula, ele emerge dessa interação formando um ângulo θ com sua direção inicial de movimento, e seu novo comprimento de onda λ' é dado pela relação

$$\lambda' = \lambda_0 + \frac{a}{m}(1 - \cos\theta)$$

em que a é uma constante positiva e m é a massa da partícula.

Com base nessas informações e em seus conhecimentos sobre a propagação das ondas eletromagnéticas, assinale a alternativa correta.

(A) A maior variação no comprimento de onda do fóton ocorre quando o ângulo θ é igual a 90°.

(B) Se o ângulo θ é igual a 30°, o fóton emergente tem frequência menor do que a frequência inicial.

(C) Quando $\theta = 0$, a velocidade do fóton emergente é menor do que a do fóton incidente, devido à conservação da quantidade de movimento.

(D) Se o ângulo θ é igual a 60°, a variação no comprimento de onda do fóton é menor se a partícula for um elétron do que se a partícula for um próton.

(E) Um fóton que emergiu perpendicularmente à sua direção inicial não sofreu mudança em sua frequência.

257. (Fuvest - 2025) Considere o texto a seguir.

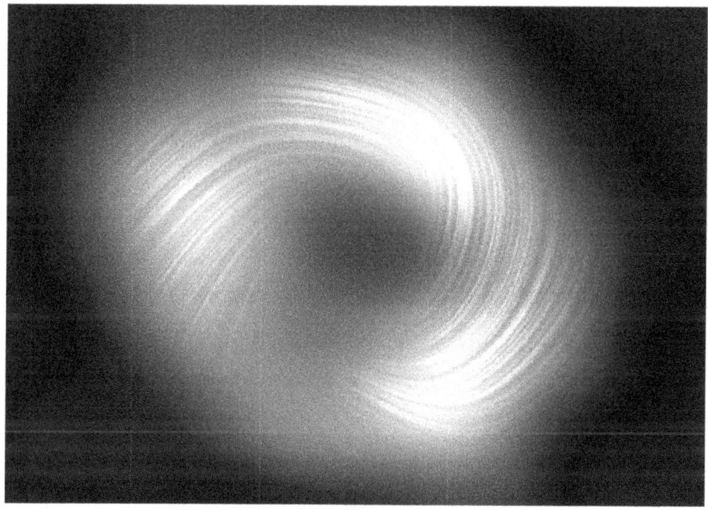

The Event Horizon Telescope Collaboration.

Figura 4.3: Referente à questão 257

"Com observações feitas pela primeira vez em luz polarizada, a nova imagem do buraco negro que se esconde no coração da Via Láctea revelou um campo magnético com uma estrutura muito semelhante à de outro buraco negro situado no centro da galáxia M87, sugerindo que campos magnéticos intensos podem ser comuns a todos os buracos negros. A luz é uma onda eletromagnética que nos permite ver objetos. Por vezes, os campos elétrico e magnético associados à onda oscilam em direções preferenciais, definindo o que chamamos de luz polarizada. Apesar de estarmos rodeados por luz polarizada, aos olhos humanos essa luz é indistinguível da luz dita 'normal'. No plasma que rodeia estes buracos negros, as partículas que giram em torno das linhas de campo magnético conferem-lhe um padrão de polarização com orientação na direção perpendicular ao campo magnético do buraco negro, o que permite aos astrônomos ver com muitos detalhes o que se passa nas regiões dos buracos negros e mapear as suas linhas de campo magnético."

"Astrônomos descobrem campos magnéticos em espiral nas bordas de buraco negro da Via Láctea", Jornal da USP 29/03/2024. Disponível em https://jornal.usp.br/ciencias/ (Adaptado).

Com base no texto e em seus conhecimentos, é correto afirmar:

(A) A medida do padrão de polarização da luz mencionada no texto permite somente o mapeamento das linhas de campos magnéticos na direção paralela à direção da polarização.

(B) O olho humano pode discriminar as diferentes direções da luz polarizada dos buracos negros, mapeando suas linhas de campo.

(C) Campos magnéticos como os mencionados no texto são criados apenas por cargas elétricas em repouso no plasma que rodeia os buracos negros.

(D) O plasma é formado por partículas eletricamente carregadas, dado que essas partículas exibem um movimento circular perpendicular à direção do campo magnético.

(E) O processo de mapeamento das linhas de campo magnético mencionado no texto pode ser realizado por meio da detecção de qualquer tipo de onda eletromagnética gerada em buracos negros.

258. (Fuvest - 2024) "Os experimentos de difração e interferência da luz realizados no período de 1800 a 1803, em analogia com os processos de interferência das ondas acústicas, corroboraram a natureza ondulatória da luz. Por outro lado, Einstein introduziu, em 1905, o conceito de fóton, em que cada componente monocromática de frequência f da radiação seria equivalente a um sistema de partículas idênticas sem massa, cada qual com energia hf, sendo $hf \simeq 6,626 \times 10^{-34}$ J.s a constante de Planck. A hipótese da existência de fótons só teve ampla aceitação após os experimentos de Compton, em 1922, sobre o espalhamento da radiação eletromagnética na faixa dos raios X por alvos de elementos leves, como o grafite."

    Adaptado de F. Caruso e V. Oguri, Sobre a necessidade do conceito de fóton, RBEF 43, e20210011 (2021).

    De acordo com o texto e seus conhecimentos, é correto afirmar:

    (A) A radiação eletromagnética apresenta somente comportamento ondulatório.

    (B) Os experimentos de Compton mostraram que feixes de raios X exibem comportamento corpuscular.

    (C) A energia de um fóton independe de seu comprimento de onda.

    (D) hipótese da natureza corpuscular da radiação está em desacordo com os resultados experimentais.

    (E) Einstein demonstrou que os experimentos de difração e interferência da luz deveriam estar incorretos.

259. (Fuvest - 2024) Nas embalagens de lâmpadas de LED atuais, está indicada uma "temperatura de cor" (expressa na escala Kelvin), que corresponde à tonalidade da luz emitida pela lâmpada. A "temperatura de cor" não indica a temperatura de operação da lâmpada, servindo apenas como uma referência da cor predominante da radiação eletromagnética termicamente emitida por um corpo a essa dada temperatura.

A densidade $\rho(\lambda)$ de energia eletromagnética irradiada é função do comprimento de onda λ da luz emitida. As curvas presentes nos gráficos das alternativas mostram $\rho(\lambda)$ dividida pelo seu valor máximo $\rho(\lambda_{max})$. O máximo de cada curva corresponde ao comprimento de onda λ_{max} predominante da luz irradiada

Com base nessas informações, assinale a alternativa que apresenta o gráfico que melhor corresponde à situação em que a cor predominante da luz irradiada seja amarela.

Note e adote:

Velocidade da luz no vácuo: 3×10^8 m/s.

Cores associadas a frequências de luz visível:

Cor	Frequência aproximada (Hz)
Vermelha	$4,4 \times 10^{14}$
Amarela	$5,0 \times 10^{14}$
Verde	$6,0 \times 10^{14}$
Azul	$6,3 \times 10^{14}$
Violeta	$7,5 \times 10^{14}$

Figura 4.4: Referente à questão 259

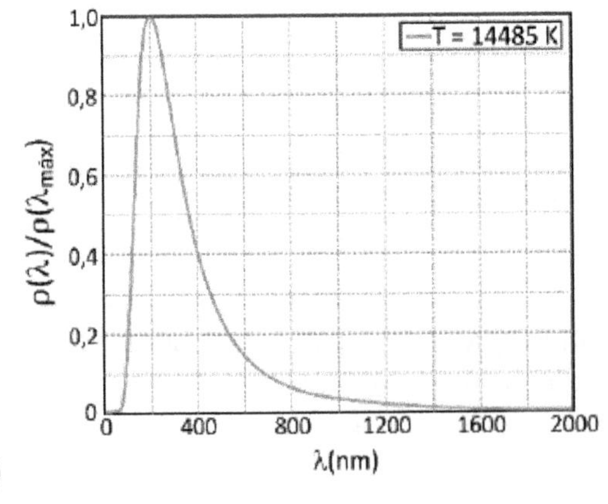

(A)

T = 7243 K
$\rho(\lambda)/\rho(\lambda_{máx})$
1,0
0,8
0,6
0,4
0,2
0
0
400
800
1200
1600
2000
λ(nm)

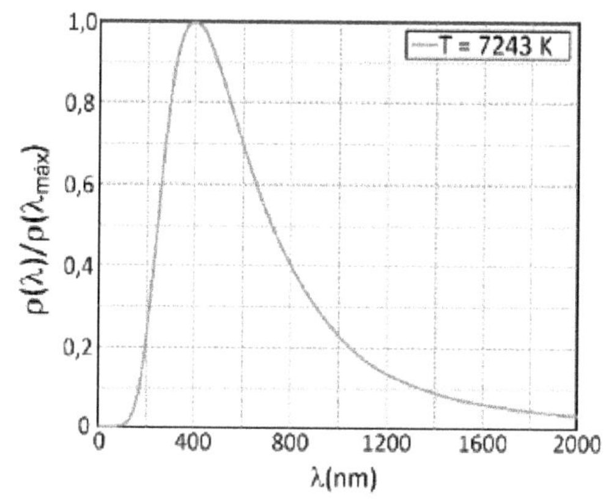

(B)

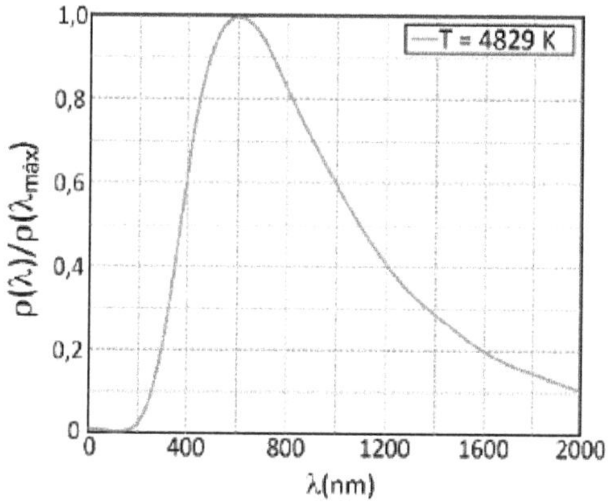

T = 4829 K
$\rho(\lambda)/\rho(\lambda_{máx})$
1,0
0,8
0,6
0,4
0,2
0
0
400
800
1200
1600
2000
λ(nm)

(C)

T = 2897 K
$\rho(\lambda)/\rho(\lambda_{máx})$
1,0
0,8
0,6
0,4
0,2
0
0
400
800
1200
1600
2000
λ(nm)

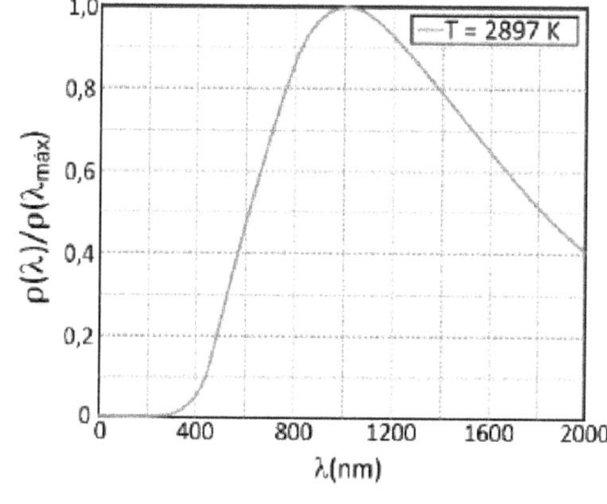

(D)

(E)

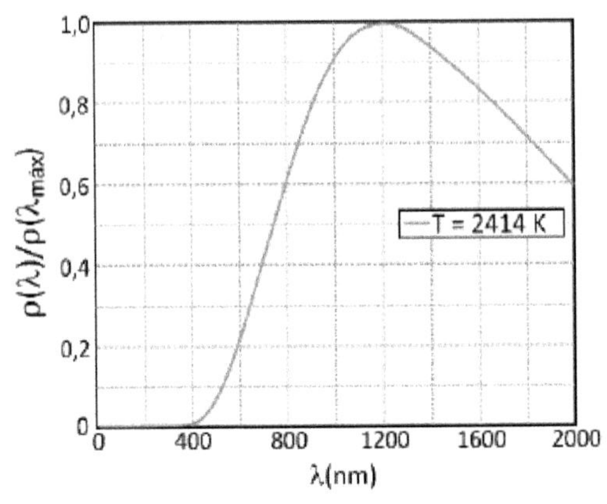

260. (Fuvest - 2023) "De acordo com o órgão responsável pela área de telecomunicações e radiodifusão dos Estados Unidos, considera-se ionizante qualquer radiação eletromagnética que transporte energia maior que 10 eV (elétron-volts). Essa energia é equivalente àquela transportada pelo ultravioleta longínquo, uma das faixas mais energéticas do ultravioleta, que se estende entre 122 nm e 200 nm de comprimento de onda."

Disponível em *https://mundoeducacao.uol.com.br/. Adaptado.*

"De acordo com a professora Patricia Nicolucci, da USP, há dois tipos de radiação: a ionizante e a não ionizante. Mas elas possuem características diferentes de interação com o corpo humano. '[Alguns tipos de radiação] são consideradas não ionizantes porque a energia não é suficiente para liberar elétrons quando interagem com o tecido do corpo humano ou qualquer outro material. Já a radiação ionizante, utilizada em medicina nuclear e em radioterapia, tem uma energia maior, o que lhe confere essa característica de tirar elétrons dos átomos da matéria com a qual interage'."

Disponível em *https://www5.usp.br/noticias/. Adaptado.*

Com base nos textos e nos seus conhecimentos, assinale a alternativa correta.

(A) A luz de lâmpadas brancas, as micro-ondas e o laser

vermelho podem ser considerados exemplos de radiação não ionizante.

(B) Radiação eletromagnética de comprimentos de onda maiores tem um efeito ionizante mais acentuado do que a de comprimentos de onda menores.

(C) Luz visível não pode ser considerada uma forma de radiação, uma vez que tem efeitos desprezíveis sobre tecidos do corpo humano.

(D) O efeito fotoelétrico é um exemplo de interação de radiação não ionizante com a matéria.

(E) A liberação de elétrons de moléculas de tecidos do corpo humano por radiações ionizantes não afeta as propriedades químicas dessas moléculas.

261. (Fuvest - 2022) Alguns equipamentos de visão noturna têm seu funcionamento baseado no efeito fotoelétrico, uma das primeiras descobertas que contribuíram para o surgimento da mecânica quântica. Nesses equipamentos, fótons de frequência f emitidos por um objeto incidem sobre uma superfície metálica. Elétrons são então liberados da superfície e acelerados por um campo elétrico. Em seguida, o sinal eletrônico é amplificado e produz uma imagem do objeto.

Diferentemente do que a física clássica prevê, apenas os elétrons com energia hf acima de uma certa energia mínima E_0 são liberados da superfície metálica.

Considerando a incidência de fótons com frequência da ordem de 10^{14} Hz, a ordem de grandeza do valor limite de E_0 para que o equipamento funcione deve ser:

Note e adote: Constante de Planck: $h = 6,63 \times 10^{-34}\ J.s$

(A) $10^{-50}\ J$

(B) $10^{-40}\ J$

(C) $10^{-30}\ J$

(D) $10^{-20}\ J$

(E) $10^{-10}\ J$

262. (Fuvest - 2021) A energia irradiada pelo Sol provém da conversão de massa em energia durante reações de fusão de núcleos de hidrogênio para produzir núcleos de hélio. Atualmente, essas reações permitem ao Sol emitir radiação luminosa a uma potência de aproximadamente $4 \times 10^{26} W$. Supondo que essa potência tenha se mantido desde o nascimento do Sol, cerca de 5×10^9 anos atrás, a massa correspondente àquela perdida pelo Sol até hoje é mais próxima de:

Note e adote:

Velocidade da luz no vácuo : 3×10^8 m/s.

Considere que um ano tem cerca de 3×10^7 s.

(A) 10^7 Kg

(B) 10^{17} Kg

(C) 10^{27} Kg

(D) 10^{37} Kg

(E) 10^{47} Kg

Gabarito	
253	D
254	A
255	A
256	B
257	D
258	B
259	C
260	A
261	D
262	C